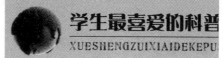

U0640858

★ ★ ★ ★ ★

生活在沙漠
岩石中的动物

刘珊珊◎编著

在未知领域 我们努力探索
在已知领域 我们重新发现

延边大学出版社

图书在版编目（CIP）数据

生活在沙漠岩石中的动物 / 刘珊珊编著 .—延吉：
延边大学出版社，2012.4（2021.1 重印）

ISBN 978-7-5634-3961-4

Ⅰ .①生… Ⅱ .①刘… Ⅲ .①沙漠—动物—青年读物 ②沙漠—
动物—少年读物 ③岩石区—动物—青年读物 ④岩石区—动物—
少年读物 Ⅳ .① Q958.4-49

中国版本图书馆 CIP 数据核字 (2012) 第 051743 号

生活在沙漠岩石中的动物

编　　　著：刘珊珊
责 任 编 辑：林景浩
封 面 设 计：映象视觉
出 版 发 行：延边大学出版社
社　　　址：吉林省延吉市公园路 977 号　　邮编：133002
网　　　址：http://www.ydcbs.com　　E-mail：ydcbs@ydcbs.com
电　　　话：0433-2732435　　传真：0433-2732434
发行部电话：0433-2732442　　传真：0433-2733056
印　　　刷：唐山新苑印务有限公司
开　　　本：16K　690×960 毫米
印　　　张：10 印张
字　　　数：120 千字
版　　　次：2012 年 4 月第 1 版
印　　　次：2021 年 1 月第 3 次印刷
书　　　号：ISBN 978-7-5634-3961-4

定　　　价：29.80 元

前 言

Foreword

　　地球是一颗神奇的星球，它的神奇就在于生物的多样性。在地球上，不仅有人类，还有种类丰富的动物们，正是这些动物让地球变得更加丰富多彩，人们一直对动物世界保持着强烈的好奇心。然而，生活在沙漠和岩石中的动物你又知道多少呢？打开这本书，你就会进入一个奇妙无比的野生动物天地！

　　这些沙漠和岩石中多种多样的动物，它们身上具备的奇特功能是很多人闻所未闻的；它们的生存秘密，让我们感到兴趣盎然，又迷惑不解。人类也是自然界进化的产物，作为人类生物进化的后代，我们很有必要了解一点动物世界的故事，看看它们为了生存如何与其他动物争斗，躲避那些比自己强悍的动物的追捕而更好地生存？而且我们也应该知道这些动物其实是很可爱的，在它们的世界中，并不缺乏我们人类世界中的情感，相信在你读完这本书之后一定会大开眼界。

　　地球上的物种非常丰富，存在着形形色色的动植物。其中动物是生物界最活跃、活动范围最大的类群，也是生物界最庞大、最复杂的杂群。自然界影响着动物，而动物的存在也不断影响着周边的自然环境，自然界和动物界是相生相依的关系。《生活在沙漠岩石中的动物》一书通过简洁生动的文字、生动形象的笔法向读者展现了一个全新的动物世界，本书的编者希望通过阅读这本书，读者们可以对自然界中的动物类群有一个基本的了解，得到更多的乐趣！

 目录

CONTENTS

第❶章

生活在沙漠中的动物

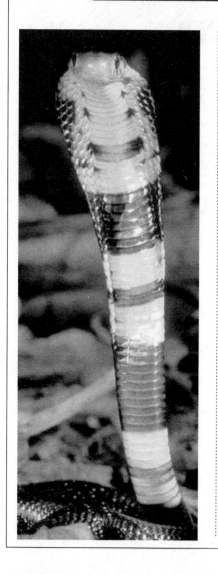

骆驼 …………………………………… 2

鸵鸟 …………………………………… 6

蟒蛇 …………………………………… 10

唾蛇 …………………………………… 12

蚂蚁 …………………………………… 14

羚羊 …………………………………… 18

野猫 …………………………………… 21

眼镜蛇 ………………………………… 24

大沙鼠 ………………………………… 28

野骆驼 ………………………………… 30

狐狸 …………………………………… 33

白头海雕 ……………………………… 36

响尾蛇 ………………………………… 40

角蝰蛇 ………………………………… 43

白蚁 …………………………………… 45

豹子 …………………………………… 50

袋鼠 …………………………………… 55

金雕 …………………………………… 61

蜜蜂 …………………………………… 65

狒狒 …………………………………… 73

第❷章

生活中岩石中的动物

蟾蜍	76
蜥蜴	79
蝎子	83
猫头鹰	86
毛毛虫	89
翼手龙	92
蝌蚪	94
蛤蜊	97
寄居蟹	99
皱纹寄居蟹	101
瓢虫	103
草莓寄居蟹	105
凹足寄居蟹	107
紫陆寄居蟹	109
短掌寄居蟹	110
火蜥蜴	112
熊猫	115
四爪陆龟	118
壁虎	120
金线蛙	123
螃蟹	125

螳螂 …………………………………………… 128

无毒蛇 ………………………………………… 130

螽斯 …………………………………………… 133

蝙蝠 …………………………………………… 136

乌龟 …………………………………………… 140

青蛙 …………………………………………… 147

黄蜂 …………………………………………… 151

生

活在沙漠中的动物

第二章

SHENGHUOZAISHAMOZHONGDEDONGWU

　　说到沙漠，人们无疑想到的就是漫天的狂沙，整个地面完全被沙土所覆盖、植物非常稀少、雨水稀少、空气干燥的荒芜地区，干旱缺水，植物和动物稀少的地区。骆驼素来一直有沙漠之舟之称，是热带沙漠中最主要交通工具。

骆驼
Luo Tuo

◎体型特征：

头部：骆驼的头部稍微有点小，头骨的部分多凹凸不平，鼻孔较大，耳朵较短，上唇的中央有裂痕，鼻孔内有瓣膜可防风沙，每当遇到沙暴之前，鼻孔可随时关闭而不影响自身的呼吸。

※ 骆驼

毛发：骆驼的全身被以细密而柔软的绒毛覆盖着，毛发的颜色多数为淡棕黄色，唇部的颜色是稍灰色的，肘关节处的毛尖棕黑色，尾毛是棕黄色。

四肢：骆驼的腿部细而长，脚掌下有宽厚的肉垫。蹄子角化程度高，奔跑起来如剑一样飞来飞去，时速可达到 80 公里左右。

体态：体躯高大，和家养双峰驼十分相似。其自身的胸部较宽，背具有驼峰，下圆上尖，呈锥形直立驼峰，坚实硬挺，不倒垂。

寿命：骆驼的平均寿命为 30 年左右。

◎生活环境

骆驼的耳朵里长满了细细的长毛，这些长毛能够遮挡住风沙的进入；骆驼的脸部是双重眼睑和浓密的长睫毛，这样能够防止风沙进入眼睛里；骆驼的鼻子也能自由地关闭，同样是为了防止风沙进入。

骆驼生活在戈壁荒漠的地区，因此有"沙漠之舟"的称号。骆驼的性情比较温顺，机警顽强，反应灵敏，奔跑速度较快且有持久性，能够耐饥渴及冷热。骆驼足足地饮一次，之后能够连续数日不喝水，依然能够在炎热和干旱的沙漠地带活动。骆驼的鼻腔内有很多非常细而曲折的管道，平时管道常常被液体湿润着，当体内缺水时，管道便立即停止分泌液体，并在管道表面结出一层厚厚的硬皮，用它吸收呼出的水分而不致散失体外；在吸气时，硬皮内的水分又可被送回到体内。这样体内的水分可以反复利用，故能长久耐渴。

※ 沙漠中的骆驼

◎生活习性

骆驼的主食主要以红柳、骆驼刺、芨芨草、白刺等很粗干的野草和灌木枝叶为食，平常喝又苦又涩的咸水。骆驼在采食时是依靠舌头伸出把草料卷入口中，采食的速度相当快，饲料在口中不经仔细咀嚼就匆匆吞咽进入瘤胃，通常在休息时返回到口腔再仔细地咀嚼，骆驼这种独特的消化活动，称为反刍。反刍通常分为四个阶段，即逆呕、再咀嚼、再混合唾液和再吞咽。骆驼吃饱后找一个比较安静的地方卧息反复的反刍。

骆驼的驼峰里储存着很多的脂肪，这些脂肪能够帮助骆驼在吃不到食物的时候分解成骆驼身体所需要的养分，供骆驼自身生存的需要。骆驼之所以能够连续四五天不进食，靠的就是自身储存的脂肪。另外，骆驼的胃里有许多瓶子形状的小泡泡，这就是骆驼储存水的地方，使骆驼即使几天不喝水，也不会有生命危险。

◎生长繁殖

骆驼的繁殖生长能力极强，通常这时候的骆驼显得异常暴躁，整日不吃不喝，甚至晚上也不睡觉。骆驼的交配季节是在冬末，孕期为13个月，每胎一崽。刚初生后的小骆驼，当天就可以直立行走，等到两三天之后，小骆驼就可以又跑又跳。我国有名的"丝绸之路"就是利用骆驼作为交通工具的。

◎役用性能

骆驼的身体是庞大的，是很好的交通运输工具之一。骆驼可用作骑乘、驮运、拉车和犁地等。

1. 骑乘

骆驼是荒漠半荒漠地区，尤其是沙漠地区的主要骑乘工具，也曾被广泛用于沙漠考察等工作。骆驼虽然不善于奔跑，但其腿长，步幅大而轻快，持久力强，加之其蹄部的特殊结构。因此骆驼适合作为沙漠中重要的交通工具。

2. 驮运

在沙漠、戈壁、盐酸地、山地及积雪很深的草地上运送物资时，其他交通工具往往难以发挥作用，而骆驼则是这些地区最为重要的驮畜，发挥着其他家畜及交通工具难以替代的作用。其实每一个特殊的地方都会有特殊的工具。

3. 挽曳

骆驼可用于耕地、挽车、抽水等。据测定，骆驼的最大挽力为 369 千克，相当于自己身体体重的 80%。

◎骆驼的分类

骆驼常见的分类有两种：单峰驼和双峰驼。

单峰驼就是具有一个驼峰，主要分布在阿拉伯半岛和印度及非洲北部；双峰驼是具有两个驼峰，前后两峰之间的距离约 0.5 米。它的绒毛发达，颈下也有长毛。上唇分裂，便于取食。

※ 单峰驼

◎历史和演变

1000 万年前，骆驼生活在北美洲，骆驼的远祖越过白令海峡到达亚洲和非洲，并演化出两种类型的骆驼，即双峰驼和人类驯养的单峰驼。数千年前，单峰骆驼就已开始在阿拉伯中部或南部被驯养。专家一致表示，一些人认为单峰骆驼早在公元前 4000 年已被驯养，而其他大部分人则认为是公元前 1400 年。约于前 2000 年，单峰骆驼逐渐在撒哈拉沙漠地区居住，但是在前 900 年左右又再次消失于撒哈拉沙漠。它们大多是被人类捕猎的。后来埃及入侵波斯时，冈比西斯二世把已经被驯养的单峰骆驼传入波斯地区。被驯养的单峰骆驼在北非被广泛的使用。直到后来，罗马帝国仍然使用骆驼队带着战士到沙漠边缘巡逻。可是波斯的骆驼并不适合用来穿越撒哈拉沙漠，波斯穿越大沙漠的长途旅行通常是靠战车来完成。

在第 4 世纪，更强壮和耐久力更强的双峰骆驼首度传入了非洲地区。双峰驼传入非洲之后，开始有越来越多的人使用它们，因为这种骆驼比较适合作穿越大沙漠的长途旅行之用，且可以装运更多更重的货物。这时，跨越撒哈拉贸易的重任终于得以进行。

※ 双峰驼

▶知 识 窗

《骆驼祥子》是老舍的代表作之一，主要是以北平一个人力车夫祥子的行踪为线索，以 20 年代末期的北京市民生活为背景，以人力车夫祥子的坎坷、悲惨生活遭遇为主要情节，深刻揭露了旧中国的黑暗，控诉了统治阶级对劳动者的剥削、压迫，表达了作者对劳动人民的深切同情，向人们展示军阀混战、黑暗统治下的北京底层贫苦市民生活于痛苦深渊中的图景。

《骆驼祥子》在中国现代文学史上具有重要位置。五四以后的新文学，多以描写知识分子与农民生活见长，而很少有描写城市贫民的作品。老舍的出现，则打破了这种局面，他以一批城市贫民生活题材的作品，特别是长篇《骆驼祥子》，拓展了新文学的表现范围，为新文学的发展提供了特殊的贡献。

|拓展思考|

1. 简述一下你对骆驼的了解。

2. 骆驼分为哪几类？分别有什么特点？

3. 骆驼的生活环境是什么？

鸵鸟
Tuo Niao

◎体态特征

头部：鸵鸟的头部偏小而且是扁平的，颈长而灵活；头部、颈部以及腿部的颜色呈淡粉红色；喙直而短，尖端为扁圆状；一双美丽的大眼睛，看上去炯炯有神，具有很粗的黑色睫毛，视力亦佳。

肢部：后肢非常粗大，只有两趾，鸵鸟是鸟类中趾数最少的动物。它的内趾较大，具有坚硬的爪，外趾则无爪。后肢强而有力，除了用于疾跑之外，也可以作为攻击的"武器"。

翅膀：鸵鸟的翅膀相当大，但其自身不能用于飞翔。主要是因为胸骨扁平，不具龙骨突起，锁骨退化，羽毛蓬松而不发达，缺少分化，羽枝上无小钩，因而不形成羽片。

※ 鸵鸟

所以，鸵鸟的羽毛主要功能是保温，故不能用于飞翔。

卵蛋：鸵鸟的卵蛋比较大，颜色类似于鸭蛋，蛋长15～20厘米，重达1400克，是鸟蛋中最大者。鸵鸟的卵壳比较坚硬，能够承受住一个人的重量。

身高：成熟的雄鸟体高为1.75～2.75米。

体重：体重一般为60～160千克。

奔跑速度：鸵鸟一步可跨8米，时速可达每小时70千米，能跳跃达3.5米。

◎生活习性

　　鸵鸟一般都是群居生活的，属于日行性走禽类，适应于沙漠荒原中生活。骆驼的嗅、听觉相当灵敏，善于奔跑，跑时以翅扇动相助，为了采集那些在沙漠中稀少而分散的食物，鸵鸟啄食时，先将食物聚集于食道上方，形成一个食球后，再缓慢地经过颈部食道将其吞下。由于鸵鸟啄食时必须将头部低下，很容易遭受掠食者的攻击，故觅食时鸵鸟养成了时不时抬起头四处张望的习惯。鸵鸟是相当有效率的采食者，这都要归功于它们开阔的步伐、长而灵活的颈子以及准确地啄食。

　　鸵鸟遇到敌人的时候，总是很好地利用强有力的腿逃避敌人。受到惊吓的时候，速度每小时可达 65 千米。有的时候来不及逃跑，它就干脆将潜望镜似的脖子平贴在地面，身体蜷曲一团，以自己暗褐色的羽毛伪装成石头或灌木丛，加上薄雾的掩护，就很难被敌人发现自己的踪迹。

　　另外，鸵鸟将头和脖子贴近地面，主要有两个作用：一是可听到远处的声音，有利于及早避开危险；二是可以放松颈部的肌肉，更好地消除身体的疲劳。实际上，并没有人真正看到过鸵鸟将头埋进沙子里去的场景，如果那样的话，沙子会把鸵鸟给闷死的。

　　雄鸵鸟在繁殖季节会划分其势力范围，当有其他雄性靠近时会利用翅膀将之驱离并大声叫喊，它们的叫声洪亮而低沉。

◎食物特征

　　鸵鸟的主食主要是草、叶、种子、嫩枝、多汁的植物、树根、带茎的花、及果实，等等，有时候也吃蜥、蛇、幼鸟、小哺乳动物和一些昆虫等小动物，属于杂食性的动物。鸵鸟在吃食的时候，它们总是有意把一些沙粒也吃进去，因为鸵鸟的消化能力比较差，吃一些沙粒可以帮助磨碎食物，促进消化，且不伤脾胃。

※ 寻找食物的鸵鸟

◎行为习惯

鸵鸟生活在炎热的沙漠地带，沙漠里的阳光照射极其强烈，从地面上升的热空气，同低空的冷空气相交，由于散射而出现闪闪发光的薄雾。

◎鸵鸟心态

"鸵鸟心态"是一种逃避现实的心理，也是一种不敢面对问题的懦弱行为。现代社会就有很多这样的人。当面对压力的时候会采取回避态度，明知问题即将发生也不去想对策，结果只会使问题更加复杂化、更难处理。就像鸵鸟被逼得走投无路时，就把头钻进沙子里，自以为安全，其实不然，这是一种掩耳盗铃的行为。殊不知，风险的存在是不以人的意志为转移的，无法完全避免，你必须勇敢去面对，勇敢地去承担，因为逃避不是办法，逃避责任的同时你很可能就丧失了权利和成功的机会。逃避的人就是懦弱的人。

※ 美丽的鸵鸟

◎演化关系

鸟类自从侏罗纪开始出现以来，到白垩纪已经作了广大的辐射适应，演化出各式各样的水鸟及陆鸟，以适应各种不同的环境。世界上鸟的种类有很多种。进入新生代以后，由于陆上的恐龙绝灭，哺乳类尚未发展成大型动物以前，其自然的生态地位多由鸟类所取代。例如北美洲始新世的营穴鸟，是一种巨大而不能飞的食肉性鸟类，主要填补了食肉兽的真空状态；恐鸟是南美洲中新世的大型食肉鸟，是不能够飞翔的，这样也填补了当时南美洲缺乏食肉兽的空缺。

其实鸵鸟的祖先也是一种会飞的鸟类，那么是什么原因导致了现在鸵鸟不能飞翔了呢？这与鸵鸟的生活环境有着非常密切的关系。鸵鸟是一种原始的残存鸟类，它代表着在开阔草原和荒漠环境中动物逐渐向高大和善跑方向发展的一种进化趋势。与此同时，飞行能力逐渐减弱直至丧失。非洲鸵鸟的奔跑能力是十分惊人的。它的足趾因适于奔跑而趋向减少，是世界上唯一只有两个脚趾的鸟类，同时粗壮的双腿也是非洲鸵鸟的主要防卫武器，甚至可以将豹子、狮子置于死地。

◎营养价值

1. 鸵鸟肉

鸵鸟肉的营养非常丰富，具有极高的营养价值，品质优于牛肉。其突出特点是：低脂肪、低胆固醇和低热量，可减少心血管疾病和癌症的发生。

2. 鸵鸟皮

比牛皮韧度多5倍的鸵鸟皮，人们常常用来做衣服和皮鞋，穿起来很舒适，缺点就是所需的成本太贵了。

▶知 识 窗

"安息国贡大雀。雁身驼蹄，苍色，举头高七八尺，张翅丈余，食大麦，其卵如瓮，其名鸵鸟。"——郭义恭广志

"吐火罗，永徽元年献大鸟，高七尺，黑色，足类骆驼，鼓翅而行，日三百里，能噉铁，俗谓鸵鸟。"——唐书吐火罗传

拓展思考

1. 简述一下你对鸵鸟的了解。

2. 鸵鸟有什么特点？

3. 怎样理解"鸵鸟心态"？

4. 鸵鸟有什么营养价值？

蟒蛇
Mang She

◎体态特征

　　蟒蛇是无毒蛇类的一种，它是到目前为止较原始的蛇种之一。蟒蛇的主要特征是体形粗大而且较长，其次身上具有腰带和后肢的痕迹。虽然后肢已经不能行走，但还是能够自由活动的。雄蛇的肛门附近具有后肢退化的明显角质距。除此之外，蟒蛇具有一对比较发达的肺，较高等的蛇类却只有一个或一个退化肺。蟒蛇的花纹非常美丽，对称排列成云豹状的大片花斑，斑边周围有黑色或白色斑点。蟒蛇的体鳞比较光滑，背面呈浅黄、灰褐或棕褐色，体后部的斑块很不规则。蟒蛇的头小且呈黑色，眼下有一黑斑，喉下呈黄白色，其腹鳞无明显的分化。蟒蛇的尾巴短而粗，但具有很强的缠绕性和攻击性。在蛇类的品种中，蟒蛇是最大的一种，其长度一般在6米左右，最大体重也可达55千克左右，现为国家一级重点保护野生动物。

◎生长环境

　　蟒蛇自身具有很强的缠绕性，所以常常缠绕在树干上，蟒蛇也非常善于游泳。当人们看到蛇的时候，就会有一种全身起鸡皮疙瘩的感觉。蟒蛇喜热怕冷，最适宜温度为25℃～35℃，当温度为20℃的时候就很少活动，15℃时蟒蛇开始进入麻木状态，如气温继续下降到5℃～6℃即死亡；在强烈的阳光下曝晒过久亦死亡。蟒蛇取食在25℃以上，冬眠期4～5个月，春季出蛰后，日出后开始活动。夏季高温的时候常常躲在阴凉的地方，然后等到夜间出来捕食。蟒蛇的攻击性很强，它猎取食物的方式就是用身体将猎物紧紧缠住，直至猎物死亡，然后从猎获物的头部将其吞入。

◎习性及食性

　　蟒蛇喜欢在温热的地方生活，主要分布在热带雨林、亚热带一些潮湿的森林和沙漠地带。蟒蛇的主食主要是鸟类、鼠类、小野兽及爬行动物和两栖动物，其牙齿尖锐、猎食动作迅速准确，有时亦进入村庄农舍捕食家禽和家畜；有时雄蟒会伤害到人类。当雌蟒进行产卵之后，有盘伏卵上孵化的习性，此时任何东西最好都不要靠近它，因为性凶的雌蟒极容易伤人。蟒蛇的胃口特别大，可以一次吞食一些超过自身体重的动物。例如1960年，广西梧州外贸仓收购一条10千克重的蟒蛇，一下子吞食了15千克的家猪。蟒蛇虽然胃口大，但其消化力也是极强的。除了猎物的兽毛之外，蟒蛇其他皆可消化，一次饱食之后也可达数月不吃食物。

◎繁殖

　　蟒蛇的繁殖期较短，属于卵生动物，其繁殖期为每年的4～6月，每年的4月份出蛰，到6月份开始产卵，每次可产8～30枚，多者也可达百枚。蟒蛇的卵呈长椭圆形，每只卵均带有一个"小尾巴"，大小形状似鸭蛋，每枚重约70～100克，其卵为白色，孵化期60天左右。4月下旬至5月下旬是蟒蛇的繁殖高峰。雌性每次产卵8～32枚，其卵是白色的，重80克左右。雌蟒在产卵后，有蜷伏卵堆上的习性。这时雌蟒不吃食物，由于体内发热，体温较平时升高几度，这样的体温非常有利于卵的孵化。

▶知识窗

　　巴西龟是世界公认的生态杀手，已经被世界环境保护组织列为100多个最具破坏性的物种，多个国家已将其列为危险性外来入侵物种。中国也已将其列入外来入侵物种，对中国自然环境的破坏难以估量。"巴西龟"引进作为食用为目的个体大、食性广、适应性强、生长繁殖快、产量高、抗病害能力强，经济效益高的特点，引进后在中国各地均有养殖。由于"巴西龟"整体繁殖力强，存活率高，觅食、抢夺食物能力强于任何中国本土龟种。如果把它放生后，因基本没有天敌且数量众多，大肆侵蚀生态资源，将严重威胁中国本土野生龟与类似物种的生存。而且在只要适于生存的旅游景点加上民众"积极的放生"基本上都可看到满塘皆是"巴西龟"的震撼景象。

　　虽然"巴西龟"寿命仅为20几年，但只要达到生殖期，就能顺利交配，顺利孵化，顺利成活，近几年"巴西龟"在中华大地遍地"开花"个体已呈几何状繁衍，占据了大面积属于中国本土龟种的野外生存空间！所以爱好放生的人们切记不要购买巴西龟用来放生，否则放生则会变成"杀生"。

|拓展思考|

1. 蟒蛇在蛇类中称得上什么之最？
2. 蟒蛇主要分布在哪里？

唾蛇
Tuo She

生活在沙漠岩石中的动物

◎体型特征

体型：唾蛇的体长约为 90～110 厘米。

颜色：唾蛇身上的纹理及颜色都会有着明显变化，然而所有唾蛇都有两种相同的特色，分别是腹部呈黑色，与及喉颈的位置上有一至两条浅色横纹。

◎食物特征

唾蛇喜欢捕食蟾蜍，也捕食小型的哺乳类、爬行类和两栖类等动物。

◎生长繁殖

卵胎生是唾蛇的繁殖方式。雌性唾蛇每次可以诞下 20～35 条幼蛇，根据相关统计，唾蛇的繁殖条数最高记录是一次诞下 65 条幼蛇。

※ 唾蛇

◎分布范围

唾蛇多栖息于草原和沙漠之中，唾蛇主要分布于南非开普省，经东北方至莱索托、特兰斯凯、夸祖鲁纳塔尔等地区，也曾经在斯威士兰及豪登省的部分区域出没过。在津巴布韦及莫桑比克的边境地带也有唾蛇分布。

◎毒性与自卫

唾蛇的毒液主要属于神经毒，其毒性比一般非洲眼镜蛇相对较低一些。唾蛇的毒液主要运用于攻击敌人的面部，只要其毒液溅到对方的眼睛中，便能让对方产生剧痛。当然，人们面对蛇时，都有一种恐惧感。

根据相关的记录，被唾蛇咬伤之后，约有1/4的受害者伤口处会发生肿胀、瘀青的痕迹。而一些中毒后的常见症状有：瞌睡、恶心、呕吐、腹痛、晕眩、抽筋等情况。

当唾蛇受到外界威胁的时候，它们会像眼镜蛇般膨起颈部，扩张头颈以威吓敌人。当威胁进一步迫近时，唾蛇便会向敌人喷射出毒液，并且狙击的目标是对方的面部，最远射程可达到3.6米，因而被认为是喷毒眼镜蛇的一员。然而，有的人称唾蛇为"喷毒眼镜蛇"，其实是错误的。虽然唾蛇拥有喷毒能力，但它本身并不是眼镜蛇。

※ 直视前方的唾蛇

唾蛇的自保行为有很多种，除了膨起颈部及喷射毒液之外，还通常会以假死法来自保。当它发觉到敌人不能以威吓或毒液攻势击退后，就会将身体蜷缩起来，瞠目结舌，一动不动，让敌人放弃对它的攻击。

▶知识窗

汉族民间有"蛇蜕皮"的说法，认为只要看见蛇蜕皮，是不吉利的征兆。民谚说："见到蛇蜕皮，不死脱层皮。"尤其是在春季更为大忌。在青海地区，若家中发现蛇，最忌杀死。认为若杀死蛇，蛇就会采取报复行动，于家门不利。所以若在家中发现蛇，就将其捉入罐中或挑在长杆上，然后送到山谷中，并求其躲进山洞，别再回到家中。

福建闽南一带由于气候温和湿润，适宜各类蛇繁衍生息。若在家中发现蛇，是不能打死的，人们认为蛇是祖先派来巡视平安的，进了谁家，就预示谁家居住平安。要是在路边发现几条蛇盘在一起，就要把自己身上的某一颗纽扣丢去表示忏悔，然后走开，当作没有看见。据说这是蛇交配，看到的人大逆不道。

农历三月五日为惊蛰节，贵州一带民俗忌雷鸣声，否则当年会蛇虫成灾。民谚云："惊蛰有雷鸣，虫蛇多成群。"

▌拓展思考▐

1. 唾蛇的体型特点是什么？

2. 唾蛇多栖息在什么地方？

3. 唾蛇口中的毒液有多大的毒性？

蚂蚁
Ma Yi

蚂蚁是一种群居动物，是一种有社会性的昆虫，属于膜翅目。蚂蚁的触角有明显的膝状弯曲，腹部有一、二节呈结节状，一般都没有翅膀，只有雄蚁和没有生育的雌蚁在交配时有翅膀，雌蚁交配后翅膀即脱落，就是人们通常说的"飞蚂蚁"。

※ 蚂蚁

◎ 外形特征

颜色：蚂蚁的颜色有黑色、褐色、黄色、红色等。

体态：体壁具弹性，光滑或有毛。

唇部：口器咀嚼式，上颚发达。

角部：触角膝状，4～13节，柄节很长，末端2～3节膨大。

腹部：腹部第1节或第2节呈结状。

翅膀：分有翅或无翅两种。

足部：前足的距离大，梳状，为净角器。

蚂蚁的外部形态可分为头、胸、腹三部分，有 6 条腿。雄、雌蚁体都比较粗大。腹部肥胖，头、胸棕黄色，腹部前半部棕黄色，后半部是棕褐色。雄蚁体长约 5.5 毫米，雌蚁体长约 6.2 毫米。

◎分布范围

蚂蚁，人们再熟悉不过了，它是人们在日常生活中经常看见的昆虫，同时也是地球上数量最多的昆虫种类。由于各种蚂蚁都是社会性生活的群体，在古代通称为"蚁"。据现代形态科学分类，蚂蚁属于蜂类。蚂蚁能生活在任何有它们生存条件的地方，是世界上抗击自然灾害最强的生物，为多态型的社会昆虫。蚂蚁的种类很多，据估计，目前大约有 11700 种，尚有更大范围的蚂蚁区系等待着人们去研究。通常快下雨的时候，蚂蚁会成群结队地出来。

◎生活习性

蚂蚁习惯住在潮湿而又温暖的土壤里，在沙漠地带也可以生存。

通常情况下，蚂蚁生活在干燥的地方，但如果将其置在水中，也能存活两个星期以上。

蚂蚁的寿命：蚂蚁的寿命很长，一只普通的蚂蚁能生存 3～7 年，蚁后则可存活十几年或几十年，甚至 50 多年。一蚁巢在 1 个地方可生长 1 年。

◎生长繁殖

蚂蚁繁衍后代的过程一般要经过：交配、产卵、分窝。当蚁后认为蚂蚁群的数量已经达到一定程度之后，就会提前繁殖出雄性蚂蚁和雌性蚂蚁，等到时机成熟之后，雌性蚂蚁飞出窝巢交配后建立自己的窝巢开始繁殖后代成为一个新的家族。蚂蚁属于完全"变态"的昆虫，蚁后的受精卵会发育成雌蚁，即未来的蚁后和工蚁，未受精的卵则发育成雄蚁，新蚁后与工蚁的区别是幼年期食物的不同造成的。

蚂蚁的正常发育需要经过三个阶段：卵、幼虫、蛹。蚂蚁的幼虫阶段没有任何能力，它们也根本不需要觅食，完全由工蚁喂养，工蚁刚发展为成虫的头几天，负责照顾蚁后和幼虫，然后逐渐开始做挖洞、搜集食物等较复杂的工作。蚂蚁会根据其不同的种类发展成为不同的体型，个头大的蚂蚁，其头和牙也发展得大，通常负责战斗保卫蚁巢，通常叫做兵蚁。

生活在沙漠岩石中的动物

◎蚂蚁防治

蚂蚁对温度有着极强的灵敏度，多数在炎热的夏季出来活动。它们喜欢香甜的食品，如蛋糕、蜂蜜、麦芽糖、红糖、鸡蛋、水果核、肉皮、死昆虫，等等。它们能辨别道路，行动极为匆忙。如果个别工蚁有发生死亡的迹象，尸体就会被运回蚁穴。蚂蚁耐不住饥饿，如果食物短缺的话，又没有水的供应，那么经过4个昼夜，蚂蚁的死亡率就会达到一半以上。

防治家居蚂蚁最简单而且省时的方法是：用杀灭蟑螂、蚊虫的喷射剂，这些药品均对小红蚂蚁有杀灭功效。不过小红蚂蚁是一种半社会性昆虫，一般的喷射药剂只能杀死群体中出巢活动的工蚁，蚁后、蚁王这些繁殖机器仍在巢中疯狂繁殖。一只蚁后每秒钟能生出600只小蚂蚁，因此灭蚁采取全楼集体行动较为理想。最好的方法是选择一种蚂蚁喜欢的食物，并在其涂抹药剂，工蚁将毒饵搬回后，能够使巢内蚁王、蚁后及幼虫中毒身亡，达到全巢覆灭。

历史见证了奇迹。楚汉争霸时期，刘邦的谋士张良用饴糖作诱饵，使蚂蚁闻糖而聚，组成了"霸王自刎乌江"六个大字，霸王见此以为天意，吓得失魂落魄，不由仰天长叹："天之亡我，我何渡为！"乃挥剑自杀而死。汉高祖刘邦最终赢得了天下，蚂蚁助成的故事也就这样流传了下来，而张良正是利用蚂蚁好甜的习性，智取刚愎自用的霸王，可谓兵法妙用，棋高一着定江山。

◎为什么说蚂蚁的力量最大

蚂蚁为什么会有比自身大很多倍的力气？历来只有蚂蚁欺负大象，没听过大象欺负蚂蚁的。蚂蚁是动物界中最小的动物，可是它有很大的力气。世界上从来没有一个人能够举起超过他本身体重3倍的重量，单从这个意义上来说，蚂蚁的力气就比人的力气大得多了。这个"大力士"的力量是从哪里来的呢？看来，这似乎是一个非常有趣的"谜"。经过科学家大量实验研究之后，终于揭穿了这个"谜底"。原来，蚂蚁脚爪里的肌肉是一个效率非常高的"原动机"，比航空发动机的效率还要高好几倍，因此能产生相当大的力量。

蚂蚁属于集群昆虫，过的是群体生活，它们各自都有自己的家。大多数蚂蚁的家是在地底下的，在那里它们不易找到丰富的食物。据实验证明，蚂蚁不但视觉极为敏锐，它们的嗅觉也是相当灵敏的，它们可以依靠两者来辨认归途。

▶知 识 窗

　　蚂蚁对温度有着很高的灵敏度，多数在炎热的夏季活动。它们喜欢香甜的食品，如蛋糕、蜂蜜、麦芽糖、红糖、鸡蛋、水果核、肉皮、死昆虫等。它们能辨别道路，行动极为匆忙，如果个别工蚁死亡，尸体会被运回蚁穴。蚂蚁耐不住饥饿，如果食物短缺，又没有水，那么经过 4 个昼夜，蚂蚁就会有一半死亡。

　　防治家居蚂蚁最简单且省时的方法是：用杀灭蟑螂、蚊虫的喷射剂，这些药品均对小红蚂蚁有杀灭功效。不过小红蚂蚁是一种半社会性昆虫，一般的喷射药剂只能杀死群体中出巢活动的工蚁，蚁后、蚁王这些繁殖机器仍在巢中疯狂繁殖。一只蚁后每秒钟能生出 600 只小蚂蚁，因此灭蚁采取全楼集体行动较为理想。最好的方法是选择一种蚂蚁喜欢的食物，并在其涂抹药剂，工蚁将毒饵搬回后，能够使巢内蚁王、蚁后及幼虫中毒身亡，达到全巢覆灭。

|拓展思考|

1. 简述一下蚂蚁的体态特征。
2. 蚂蚁属于什么类？
3. 为什么说蚂蚁的力量是无穷大的？
4. 蚂蚁的生活习性是什么？

羚羊

Ling Yang

◎体态特征

肢部：羚羊的四肢细而长，蹄小而尖，整个体型优美、轻捷。

尾部：羚羊的尾长短不一。

身高：羚羊的高度为 60～90 厘米，经常 5～10 只成群结队地在一起，有的一群可多达数百只。

角部：有的雌、雄羚羊都有角，有的仅雄羚羊有角。

◎分布范围

羚羊主要分布在非洲，小羚羊则主要分布在非洲和亚洲。阿拉伯半岛分布的是阿拉伯大羚羊和小鹿瞪羚。印度分布的是印度大羚羊、印度瞪羚和的印度黑羚。俄国和东南亚分布的则是四角羚藏羚羊和高鼻羚羊。

※ 羚羊

◎羚羊的种类：

羚羊的种类有很多，常见的如下：

1. 斑羚：体型大小如山羊一样，没有胡须。总体的体长为 110～130 厘米，肩高 70 厘米左右，体重 40～50 千克。眼睛大，向左右突出，没有眶下腺，耳朵较长。雌雄均具黑色短直的角，较短小，长 15～20 厘米，最长的记录为 23.2 厘米。角的基部靠得非常近，相距仅有 1～2 厘米，自额骨长出后向后上方倾斜，角尖向后下方略微弯曲。

2. 藏羚羊：属牛科、藏羚，藏羚羊又称为长角羊、羚羊，主要分布在中国青海、西藏、新疆三个省区，现存种群数量约在 7～10 万。藏羚有着独特的栖息环境和生活习性，目前全世界还没有一个动物园或其他地方人工饲养过藏羚羊，而对于这一物种的生活习性等有关的科学研究工作也开展甚少。

3. 普氏原羚：又叫滩原羚、滩黄羊等，体形比黄羊稍小，体长大约为110厘米左右，肩高约50厘米，体重约15千克。其自身的尾巴较短，不足11厘米。夏毛短而光亮，呈沙黄色，并略带储石色，喉部、腹部和四肢内侧均为白色，臀斑为白色。冬季毛色较浅，基本上呈棕黄色或乳白色。角长约30厘米，角的下半段粗壮，近角尖处显著内弯而稍向上，末端形成相对钩曲，这点与朝内后方弯曲的黄羊角不同。

4. 藏原羚：这一种羚羊的体形比普氏原羚瘦小，体长84～96厘米，体重11～16千克，耳朵狭窄而且尖小，四肢纤细，蹄子窄小。体毛为灰褐色，腹部为白色，在强烈的阳光照射下，远看其色接近于沙土的黄色，因而有"西藏黄羊"之称。雄性的藏原羚具有细而较长的镰刀状角，双角自额部几乎平行向上升起，然后稍微向后弯曲，与普氏原羚的角有明显不同。角尖比较光滑，基部至2/3处有明显而完整的环状横棱。雄兽臀部都有纯白色的大块

※ 美丽的羚羊

斑，周围被锈棕色环抱着。尾巴很短，几乎隐匿在毛中。藏原羚在国外分布于印度北部和锡金等地。它是典型的高原动物，栖息的海拔高度在3000～5100米之间，范围广泛，在各种草原环境中几乎都可以生存，但一般多见于高寒草甸和干草原地带，在高原荒漠和半荒漠景观中同样可以生存。

5. 高鼻羚羊：别名赛加羚羊、大鼻羚羊，属于牛科。体长是100～150厘米，肩高63～83厘米，雄性的成年体重37～60千克，雌性的体重则为29～37千克。雄性具角，角的长度为28～37厘米，基部约3/4具环棱，呈琥珀色。因鼻部特别隆大而膨起，向下弯，鼻孔长在最尖端，因而得名"高鼻羚羊"。体毛浓密棕黄色，腹部和四肢内侧带白色，冬毛灰白色。生活于荒漠、半荒漠地带。结成小群生活，有时也有成百上千只的大群迁移。

6. 扭角羚：扭角羚是目前国际上公认最稀有的动物之一。雄性和雌性的头上都有粗大的角，从顶骨后边先弯向两侧，然后向后上方扭转，曲如弯弓，因此得名"扭角羚"。扭角羚生活在高山地带，性喜结群。每当

寻找食物的时候，每群有一头体强力壮的"哨羚"居高瞭望，一旦发现有异常情况，它会立即"报警"，其他扭角羚则闻声潜逃。走动时，背部向上弓起，蹒跚而行，姿态奇特，当人们见了之后都会发笑不止。

7. 鹅喉羚：产于西北及内蒙古。别名长尾黄羊、粗劲羚，属于牛科。体型似黄羊而较小，体长约 100 厘米，体重 25 千克左右。雄羚在发情期喉部特别肥大，像鹅的喉部，故因此而得名。雄羚角较长，微向后弯，角尖朝内；雌羚的角较短。体毛沙灰色，吻鼻部由上唇到眼色浅呈白色，腹部、臀部白色，尾部黑褐色，长 12～14 厘米。属于典型的荒漠、半荒漠动物，栖息在海拔为 2000～3000 米的高原开阔地带，常 4～10 只集成小群活动。耐旱性极强，以冰草、野葱、针茅等草类为食。冬季交配，夏季产崽，每胎 1～2 只。

▶知 识 窗

关于羚羊的故事：

当一只羚羊被一头狮子追逐到悬崖边上时，它终于停了下来。它不想再跑。狮子谋算着如何咬死她，如何撕碎它的皮毛，吸取它的血液，啃光它的肉。这时的狮子是冷静的。它在思考，它想看到羚羊害怕、恐慌的样子。可是出乎狮子意料的是，此时的羚羊亦非常冷静。它在思考，它的思考正是因为它深知她即将死掉。它想起了以前它与朋友的争吵，想起自己是那么的自以为是，它懊悔了。它想起了自己的爱人，它想到了很多能使爱人更高兴的做法。它心痛了。它想不通，为什么自己越单纯，越与世无争，却越遭到欺凌呢？它迷茫了。羚羊深吸一口气，它明白了，这就是大自然的规则。正因为自己的弱小，正因为自己的单纯才给别人机会来伤害自己。它该变得强大一点，它该奔跑得更快，它该更机智，更有头脑一些。它决定了，它终于做出了这个决定：它要跨越它身后的山崖。

"我还年轻，还有很多事等着我去做呢！我要与朋友相处得更好，我要与爱人生活得更美好，我还要做更多伟大的事情。"它这样想着。它毫不犹豫地转过身，助跑……跳跃……落地。它成功了。它克服了身后的障碍，开辟了自己的新天地！它没有回头……但是它能想象到狮子惊讶、悔恨、失望的表情。羚羊大步地狂奔向草原深处。它会孤独一段时间，但它总有一天会和朋友们汇合的。

┃拓展思考┃

1. 简述一下羚羊的体态特征。
2. 羚羊有角吗？
3. 简述一下羚羊的分布范围。

野猫

Ye Mao

◎外形特征

颜色：非洲野猫的体色比欧洲野猫淡，主要有灰色形和褐色形，靠近森林地区的野猫，体色比较深。身上带有波纹状深色的斑纹；欧洲野猫一般具有比较厚的皮毛，不同地区的体色也有所不同；亚洲野猫体形较小，体色多为灰色，并带有棕色斑纹。

身高：体长为 50～70 厘米。

尾部：野猫的尾长为 25～35 厘米。

体重：野猫的体重约为 8 千克。

※ 野猫

背部：身体的背部呈淡沙黄色至浅黄灰色，背部和身体侧面的毛色逐渐转为浅淡色，腹面则为淡黄灰色。

◎生活习性

野猫属于独居动物。一般在清晨和黄昏时分捕猎。单独在夜间或晨昏活动，白天隐藏在树穴或灌丛中。主食主要是吃小型啮齿动物、鸟类、蜥蜴和蛙，也食鱼类和昆虫等。行动非常敏捷，善于攀爬，潜行隐蔽接近猎物，突然捕食。领域性也很明显，通常每个个体大约占据 0.5 平方千米的领地，但当领地内食物不足或者寻找配偶时，也常常到领地以外的地方游荡。

◎生长环境

草原野猫栖息在有由柽柳、拐枣、麻黄、甘草、野麻等组成的灌木和半灌木荒漠；由芦苇和拂子茅等组成的芦苇草甸和林间生长有柽柳灌丛的胡杨林；以及草原、沼泽地和海拔 1000 米以下的盆地或低地山区森林地带，对环境的适应性比较强。但一般不进入冬季严寒和积雪覆盖地区，活动偏向于比较干旱的地带。

◎生长繁殖

野猫的妊娠期为 56～63 天，每胎产 1～5 崽，小野猫出生 10 天之后才能睁开眼睛，5 个月后离开母亲独自生活。大约 11 个月性成熟。寿命一般 15 年。欧洲的许多野猫都是一夫一妻制。野猫生存的最大威胁来自于和家猫的杂交，使它们的种群趋于弱势。

◎食物特征

苏格兰野猫较多地捕食兔子，亚洲野猫捕捉雉类、沙鸡等。栖息地的损失、对皮毛的需求也使野猫的生存受到威胁。有些地区的野猫捕食家禽，这样恶劣的行为，遭受到了人们的追捕。

◎物种分布

1. 欧洲野猫：分布在除斯堪的纳维亚半岛的欧洲大部分地区，主要居于落叶阔叶林和针叶林带。

2. 非洲野猫：分布在非洲和阿拉伯地区的山地、平原和树林。但在热带雨林没有分布。南非，北非地区的非洲野猫也是家猫的祖先。

3. 亚洲野猫：印度野猫。分布于中东、印度、俄罗斯和中国。主要居于比较干旱的地区。中国境内的野猫也被称为草原斑猫。

4. 野猫：主要分布中国，目前还是一个独立的物种。

知识窗

与狗不同，猫是自我驯化的动物。

狗最初能够适应人类生活是因为它们的社会行为在许多方面正好与人类相匹配。猫却不同于人类，它们是独来独往并拥有固定领地的猎兽，而且大多活跃在夜间，然而正是猫的捕猎行为促使它们最初与人类环境相接触，而它们守护领土的强烈本能又驱使它们不断出现在相同的地方。

驯养猫的历史要比犬晚得多。可能不会早于公元前7000年，当时由于农业的兴旺发达，在中东形成了新月形米粮仓地带。家宅、谷仓和粮食商店的出现为鼠类及其他小型哺乳类动物提供了新的生存环境，而这些动物正好是小型野猫的理想猎物。从一开始，人与猫之间就建立起互利关系：猫获得了丰富的食物来源，而人类免除了讨厌的啮齿动物的困扰。最初，这些野猫的存在可能被人类所接受甚至受到鼓励，不时抛给一些食物。就像狼一样，较为驯服的一些野猫逐渐被吸纳进入人类社会，由此产生了最早的半驯化猫群体。

家猫几乎可以肯定是遍布于欧洲、非洲和南亚的小型野猫的后裔。在这片广袤的地域内，根据当地的环境和气候条件，演变出无数个野猫亚种群。它们的外观不尽相同，生活在北方的欧洲野猫身材粗壮，短耳，厚皮毛；非洲野猫的身材更修长，长耳，长腿；而生活在南方的亚洲野猫则身材小巧，身上带斑点。

| 拓展思考 |

1. 为什么猫喜欢在夜间行动？
2. 野猫的主食是什么？
3. 野猫的生长环境是什么？
4. 简述一下野猫的身体特征。

生活在沙漠岩石中的动物

眼镜蛇
Yan Jing She

◎眼镜蛇的由来

随着 17 世纪眼镜的出现就给蛇附加了一个眼镜蛇的名字。因为这种蛇在其颈部扩张时，背部有一对美丽的黑白斑，看起来好像一副眼镜，眼镜蛇就是这样得名的。眼镜蛇主要分布在亚洲和非洲的热带和沙漠地区，眼镜蛇是眼镜蛇科中的关于蛇类的总称。

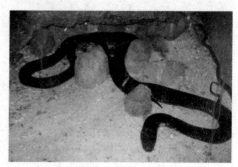

※ 眼镜蛇

◎外形特征

眼镜蛇最为明显的特征是它的颈部，该部位肋骨可以向外膨起用以威吓对手。当眼镜蛇被激怒的时候，它会将身体的前段竖起，颈部两侧会随即膨胀起来，此时背部的眼镜圈纹更加明显，同时发出"呼呼"的声音，借以恐吓敌人。事实上很多蛇都可以或多或少地膨起颈部，而眼镜蛇只是更为典型而已。眼镜蛇的颜色多种多样，从黑色或深棕色到浅黄白色。多数眼镜蛇体形较大，一般体长在 1.2～2.5 米间，最长可达 6 米。眼镜蛇毒液为高危性神经毒液。眼镜蛇的上颌骨较短，前端具有沟牙，沟牙后面有 1 到数颗细牙。眼镜蛇不喜欢运动，头部呈椭圆形，尾部呈圆柱状，整条脊柱均有椎体下突，头背具有对称的大鳞，无颊鳞。在我国分布的眼镜蛇主要有 8 种左右，常见的有眼镜蛇、眼镜王蛇、金环蛇、银环蛇等。

◎生活习性

眼镜蛇生活范围是在海拔 1 千米以下的丘陵、低山地区，或平原地带的灌木丛、竹林中火溪水边和沙漠地带。眼镜蛇的性格是凶猛的，耐热性强，主要在白天出来活动，大部分表现为向阳性。它们常常用毒液杀死猎物，主要以鼠类、鸟类、鸟蛋、蜥蜴、鱼类、蟾蜍等小型脊椎动物和其他蛇类为食。适合眼镜蛇生存的气温一般在 20℃～35℃之间，因此它们会有冬眠的现象，等到次年三、四月份的时候出蛰。5～6 月是眼镜蛇交尾的时间，6～8 月则为产卵期。雌蛇每次产卵 9～19 枚，并且有护卵的习性。在我国眼镜蛇主要分布于广东、广西、海南、福建、台湾、云南、贵州、湖南、江西、湖北等省。

◎毒性性能

眼镜蛇是一种前沟牙类的毒蛇，牙齿较短，毒液主要以神经毒为主。如果被眼镜蛇咬到的话，会有致命的危险，尤其是被大型的眼镜蛇噬咬。毒液的多少决定了蛇毒致命性的危险性，毒液中的毒素会使被咬者的肌肉麻痹而死或者破坏被咬者的神经系统，也会影响被咬者的呼吸。

眼镜蛇的毒牙主要位于口腔的前端，有一道附于其上的沟能分泌出毒液。被眼镜蛇咬到的早期症状有眼睑下垂、复视、吞咽困难、晕眩，继而逐渐出现呼吸肌麻痹。

眼镜蛇的天敌主要是灰獴和一些猛禽。獴能直接嚼食眼镜蛇的头部，但是在搏斗过程中獴也会被眼镜蛇咬到。獴自身具有排毒的功能，因此昏厥数小时后能自己排毒无事醒来，但少部分也会被眼镜蛇吞噬。

◎常见的眼镜蛇

1. 眼镜王蛇

世界上最大的毒蛇是眼镜王蛇。眼镜王蛇主要生活在印度经东南亚至菲律宾和印度尼西亚一带，海拔在 1800～2000 米的山林边缘靠近水的地方。眼镜王蛇的体型较大，最长的可达到 6 米，眼镜王蛇的皮肤是黑褐色的，在皮肤上有白色的条纹，腹部的颜色是黄白色。一般幼蛇是黑色的，有黄白色底纹，是世界最大的前沟牙类毒蛇。

※ 眼镜王蛇

眼镜王蛇白天出来捕食，夜间则会隐匿在岩石缝隙或树洞里休息，它们是一类喜欢独居的蛇。眼睛王蛇主要依靠喷射毒液或扑咬猎物来获取食物，性情非常凶猛。眼镜王蛇之所以闻名世界，是因为它除了捕猎鼠类、蜥蜴、小型鸟类之外，还会捕食其他的蛇类，比如金环蛇、银环蛇、眼镜蛇等有毒的蛇。可见，眼睛王蛇会伤害自己的同胞。

眼镜王蛇属于卵生动物，通常用落叶筑成巢穴，它们产卵的时节是每年的 7～8 月间，雌蛇每次产 20～40 枚卵于落叶所筑的巢中，卵的直径可达 65.5 毫米×33.2 毫米。雌蛇有护卵性，长时间盘伏于卵上护卵，孵出的幼蛇体长为 50 厘米。

眼镜王蛇是蛇之煞星，在毒王榜上排名第 9，主要以吃蛇为生的眼镜王蛇令众多蛇类闻风丧胆，在眼镜王蛇的地盘休想有其他蛇生存。一旦眼镜王蛇受到惊吓之后，便会兽性大发，身体的整个前部都会高高立起，吞吐着又细又长、前端分叉的蛇信子，头颈随着猎物灵活转动，使猎物很难逃脱。最可怕的是，即使没有惹它，它也会主动发起攻击。被眼镜王蛇咬中后，大量的毒液能使人在 1 小时之内死亡。

眼镜王蛇的肉质非常鲜美，自身的蛇毒、蛇胆具有极高的药用价值，蛇皮也可制成工艺品。因此，在野外被发现的眼镜蛇王几乎全被人类捕杀。如果人类这样肆无忌惮地捕杀，眼镜王蛇就会有灭绝的可能。

2. 珊瑚眼镜蛇

珊瑚眼镜蛇同其他一般的眼镜蛇的特征是一样的，有着颈折及硕大的鼻吻部位。珊瑚眼镜蛇的头部较小，吻鳞较大，有利于打洞，躯体粗壮，躯体鳞片细小。

珊瑚眼镜蛇主要有三个亚种：生活在分布区最南端的知名亚种，其自身的特征是体背呈珊瑚红，体侧下方浅红色或乳白色，有黑色的横斑；纳米比亚亚种，体背呈土白色或灰棕色并有浅色横斑，头部黑色；安哥拉亚种，通体土白色或灰棕色，头部色彩相对比较淡一些，

※ 珊瑚眼镜蛇

主要分布在南非、纳米比亚、安哥拉或其他地区的灌丛、沙漠草丛中。雌蛇每次产 3～11 枚卵。

3. 其他

在非洲地区也有会喷射毒液和不会喷射毒液的眼镜蛇，与亚洲的眼镜蛇没有任何血缘或亲缘关系。

分布在南非的唾蛇和非洲的黑颈眼镜蛇都是会喷射毒液的眼镜蛇，但是后者的体型却比较小。毒液能够准确地喷射入超过 2 米外的受害者眼内，若不及时清洗会导致暂时性或永久性失明。射毒眼镜蛇可以将毒液喷射到较大动物的眼睛里而使其暂时失明。如果及时清洗的话，一般不会造成永久性伤害。

▶ **知 识 窗**

　　蛇还有很好的食用价值，这主要是指无毒性的蛇。蛇科中的属于游蛇科中的黄脊游蛇、赤链蛇、枕纹锦蛇、乌游蛇等，都有很好的食用价值。在我国的很多地方，都有吃蛇，或是用蛇泡酒的习俗，在做蛇肉时，要除去内脏，洗净鲜用或晒干用，食用时须除去蛇头、蛇皮和内脏，经过多次清洗后再食用。

　　蛇肉有甘、咸等味道，属性平，有很好的祛风湿、通经络、解毒的作用。对治疗风湿痹证，肢体麻木、疼痛或痉挛，以及疥癣等病症有很好的疗效。蛇肉可用来煮食、炒食。用整条的蛇泡酒同样有很好的药用价值。

|| **拓展思考** ||

1. 简述一下眼镜蛇的由来。
2. 眼镜蛇的毒性有多大？
3. 眼镜蛇的生活习性是什么？
4. 常见的眼镜蛇有哪几种？

大沙鼠
Da Sha Shu

◎体型特征

体态：体长为150毫米左右。

尾部：尾长接近体长；尾粗大，密密的毛发覆盖着。

耳部：耳较短小，不及后足之半；耳壳前缘列生长毛。

指部：耳内侧仅靠顶端被有短毛前足四趾，拇趾不明显，后足五趾；前肢掌部裸露，后肢趾部被密毛。雌体有四对乳头。

颜色：头部和背部的中央是淡沙黄色；体侧眼周围、两颊和耳后毛色较背淡；背毛基灰尖沙黄且杂有少量黑褐色毛；腹部及四肢内侧的毛均为污白带黄色，毛基部暗灰色，毛尖污白色；尾毛上、下锈红色，较背毛鲜艳，尾末端有长黑毛，形成小毛束；爪强而锐为暗黑色。

※ 大沙鼠

◎生态习性

大沙鼠栖息在荒漠及半荒漠中，尤其以生长梭梭、白刺的半荒漠生境为多。大沙鼠在地下挖掘洞道又采食地面植物，对改造沙漠及固沙影响非常大。在农区盗食粮食，破坏水利设施，造成粮食严重损失和水土流失，同时又是多种疫源性疾病病原体的自然携带者。

※ 栖息在草丛中的沙鼠

生活在沙漠岩石中的动物

◎分布范围

大沙鼠国内主要分布在内蒙、宁夏和新疆等；国外分布在苏联、伊朗、阿富汗和蒙古等。

◎防治方法

在草原高密度的条件下，可采取 30 米行距条状投放磷化锌和敌鼠钠盐等急性或慢性无壳谷物毒饵。在农区最好能采取综合防治的办法：先在春季发动一次捕鼠运动，降低基础鼠数；收获前用药物进行第二次灭鼠；秋收时快拉快打，捡净地里的谷穗；消灭毗连地沙鼠的栖息处所。此外，冬灌和深翻等都能收到良好的防治效果。大沙鼠对农田的破坏是非常严重的。

▶知识窗

老鼠的第一个象征意义是灵性，又包括它的机灵和性情通灵两个方面。鼠嗅觉敏感，胆小多疑，警惕性高，加上它的身体十分灵巧，穿墙越壁，奔行如飞，而且它还兼有另两项突生的本领；它虽说不是水生动物，也没有超强的游泳本领，然而窄沟浅水池塘是挡不住它的，为了求生，它可以一口气在水底钻好几米远，自己则毫发无损。所以要捧死或淹死老鼠那可真有些白费心机。人们常用"比老鼠还精"来形容某人的精明机灵，鼠的机灵成为一种类比的标准，可见它的机灵已经上了相当的档次。

老鼠的第二个象征意义是生命力强。一者是它的繁殖力强，成活率高，譬如一只母鼠在自然状态下每胎可产出 5～10 只幼鼠，最多的可达 24 只，妊娠期只有 21 天，母鼠在分娩当天就可以再次受孕，幼鼠经经过 30～40 天发育成熟，其中的雌性加入繁衍后代的行列。如此往复，母鼠一年可以生育 5000 左右子女，至于孙子、孙女、曾子、曾孙辈已多到无法计算。老鼠的成活率高，寿命长，除非遇到天敌猫的袭击或人类大规模的扑灭行动，大多数都能安享晚年、寿终正寝、而且子孙满堂，这是其他动物可望而不可即的。

拓展思考

1. 简述一下眼镜蛇的由来。
2. 眼镜蛇的毒性有多大？
3. 眼镜蛇的生活习性是什么？
4. 常见的眼镜蛇有哪几种？

野骆驼
Ye Luo Tuo

◎体型特征

身高：野骆驼的体形高大而稍瘦，体长 2.2～3.5 米。

尾部：尾长 50～60 厘米。

肩部：肩高 1.8～2 米。

体重：体重 450～690 千克。

头部：野骆驼的头部较小，后部具有分泌黑色臭液的臭腺。它的吻部较短，上唇裂成两瓣，状如兔唇。鼻孔中有瓣膜，能随意开合，既可以保证呼吸的通畅，又可以防止风沙灌进鼻孔之内，这一点同其他的骆驼具有相同的特性，从鼻子里流出的水还能顺着鼻沟流到嘴里。耳壳小而圆，内有浓密的细毛阻挡风沙，还可以把耳壳紧紧折叠起来。眼睛外面有两排长而

※ 野骆驼

密的睫毛，并长有双重的眼睑，两侧眼睑均可以单独启闭，在"鸣沙射人石喷雨"的弥漫风沙中仍然能够保持清晰的视力。

颈部：野骆驼的颈部很长，弯曲似鹅颈。背部的毛有保护皮肤免受炙热阳光照射的作用。尾巴比较短，生有短的绒毛。背部生有两个较小的肉驼峰，下圆上尖，坚实硬挺，呈圆锥形，峰顶的毛短而稀疏，没有垂毛。

肢部：野骆驼的四肢细长，与其他有蹄类动物不同，其自身的第三、四趾却特别发达，趾端有蹄甲。野骆驼全身的淡棕黄色体毛细密柔软，但均较短，毛色也比较浅，没有其他色型，与其周围的生活环境十分接近。

◎食物特征

野骆驼的主食是红柳、骆驼刺、芨芨草、白刺等等很粗干的野草和灌木枝叶，喝又苦又涩的咸水。当他们吃饱之后找一个比较安静的地方卧息反刍。

野骆驼机警而胆怯，其视觉、听觉、嗅觉相当灵敏，具有惊人的耐力。

◎生活习性

野骆驼在历史上存在于世界上的各个地方，但至今仍在野外生存的仅有蒙古西部的阿塔山和中国西北一带，这些地区都是大片的沙漠和戈壁等"不毛之地"，不仅干旱缺水，而且夏天酷热，最高气温在55℃左右，砾石和流沙温度可达71℃～82℃；等到了冬天的时候，却是极其寒冷的，寒流袭来，气温可下降到－40℃，常常狂风大作，飞沙走石。

野生双峰驼的活动，一般以十几头大小的集群为规律。在繁殖期，每个种群由一峰成年公驼和几峰母驼带一些未成年幼驼组成，在固定的区域活动，除非季节转换的时候，才进行几百公里的长途迁徙。另外，公的幼驼达到2岁左右的时候，就会被逐出种群，去别的种群争夺"领导权"。野骆驼的繁衍是在自然的优胜劣汰中进行的，能够适应严酷的生存环境的个体能够存活下来，其他的便自然死亡被无情淘汰。

野骆驼的天敌主要是狼和雪豹，野骆驼一般结成群体生活，夏季多呈家庭散居，至秋季开始结成5～6只，或20只左右的群体，有时甚至能够达到百只以上。在沙漠中迤逦行走时，成年骆驼走在前面和后面，小骆驼则分布在中间位置，并常常沿着固定的几条路线觅食和饮水，称为"骆驼小道"。野骆驼善于奔跑，行动灵敏，反应迅速，性格机警，嗅觉非常灵敏，有人认为它就是靠嗅觉在沙漠中寻找到水源的，也可能是凭借特有的遗传记忆。

◎分布范围

经过多年的探测和研究，专家声称，野骆驼现在主要分布在中国阿尔金山北麓、塔克拉玛干沙漠东部、罗布泊北部嘎顺戈壁地区及蒙古国的中蒙边境外阿尔泰戈壁四个片块。此外，甘肃马鬃山一带也发现有野骆驼的存在。

◎生活环境

从生态地理特征讲，野双峰驼属于亚洲中部极端干旱区域零星高矿化度水源分布点的特有动物，对极端干旱环境的适应性表现在耐旱和逐代传递信息寻找水源的能力方面。野骆驼栖息的地方不仅远离人群活动区的环境严酷地域，同时是天敌难以存活的地带，自卫能力仅仅依靠躲避和远离侵扰。野骆驼有季节性迁移及昼夜游移现象。

◎生长繁殖

国内外唯一的人工圈养繁殖成功的个例主要在甘肃，那里的濒危动物研究中心现在圈养着7峰野骆驼，其中1峰母驼已成功产下1头小母驼。

野骆驼的发情期，性格极其凶猛，每年的1～3月是发情期，当雄兽争斗的时候，主要是将头部伸到对方的两腿之间，绊倒对方后再用嘴撕咬。这时常常见到单独行动的野骆驼，往往都是求偶争斗的失

※ 沙漠中的野骆驼

败者，也有发情的雄性跑到家骆驼群里，与雌性家骆驼交配的情况发生。雌性每2年繁殖一次，怀孕期为12～14个月，翌年3～4月生产，每胎产1仔。幼仔出生后2小时便能站立，当天便能跟随双亲行走，一直到1年以后才分离。4～5岁时性成熟，寿命为35～40年。

▶知识窗

　　新疆原环保所所长袁国映先生说：野骆驼也喜欢吃好草，喜欢喝淡水。它们是被逼到荒漠上去的。很早以前，人们就把野骆驼作为狩猎对象。被逼无奈的它们，只好选择荒凉的戈壁为自己的家园。为了适应生存环境，野骆驼的生理上也有了很大的变化。

　　蒙古的科学家们曾经搞过一次实验，把一盆淡水，一盆咸水放在一块，让骆驼喝。它们走过去看一看，闻一闻，选择的并不是喝咸水。

　　野骆驼在不喝一滴水的情况下，在炎热的沙漠上能持续行走2个星期。这时它的体重会下降到原来的3/4。在有水的时候，它们又可在几分钟之内喝下多达200千克的水，以神奇的速度使身体得到恢复。

　　野骆驼尽管具有在沙漠里生存的能力，但它目前的处境是十分令人担忧的。

拓展思考

1. 简述一下野骆驼的特性。
2. 野骆驼主要以什么为主食？
3. 野骆驼的分布在什么地方？
4. 野骆驼的生活环境是什么？

生活在沙漠岩石中的动物

狐狸

Hu Li

◎体态特征

嘴部：嘴很尖。

耳部：耳朵很大。

体态：身长腿短。

尾部：身后托着一条长长的尾巴。

颜色：狐狸的全身呈棕红色，耳背呈黑色，尾尖呈白色，在它尾巴的基部有一个小孔，能放出一种刺鼻的臭气。

※ 狐狸

◎生活习性

狐狸主要生活在森林、草原、半沙漠和丘陵地带，居住在树洞或者是土穴中，它们常常在傍晚的时候外出觅食，到了天亮才回"家"。狐狸的嗅觉和听觉特别好，所以能捕食小动物，但有的时候也会采摘一些野果。因为狐狸主要是吃鼠类，只有无奈之下才会袭击家禽。可以这样说，狐狸不是一种对人类有害的动物。

狐狸一般都是单独生活的，只是在生殖的时候才会结小群。每年的2～5月是狐狸的产崽期，一般每胎会产3～6只幼崽。狐狸的警惕性非常高，如果它窝里的小狐狸被人发现，它就会在晚上转移狐窝。

◎聪明的狐狸

贪婪的人们致使狐狸濒临灭绝，狐狸的生存受到了严重威胁，于是狐狸便开始努力让自己适应环境。在小狐狸刚产下来没多久，狐狸妈妈就狠心地赶走小狐狸，让它们自己去适应外界的环境。所以狐狸就变得越来越聪明了。

通常情况下，狐狸很少自己筑巢，它们都是强行从兔子等弱小的动物那里抢来的，巢穴的洞穴入口很多，越往里越是迂回曲折。它们不怕猎犬，还经常设计陷阱"陷害"猎犬。如果它们看到有猎人进入洞穴的话，它们就会跟在猎人的后面，看到猎人离开后，它们就在陷阱旁边留下恶臭来警示同类。

※ 石缝里的狐狸

◎狐狸的象征

狐狸在人们的心目中，就是狡猾、虚伪、奸诈的象征，但同时也象征着美丽妖娆的坏女人。商代时期的苏妲己就是很好的例子。

◎经济价值

狐皮是非常珍贵的毛皮，毛长绒厚，灵活光润，针毛带有较多色泽或不同的颜色，张幅大，皮板薄，适于制成各种皮大衣、皮领、镶头和围巾等制品，保暖性极好，华贵美观，深受国内外客户的喜爱，狐狸也就因此而惹来了杀身之祸。狐狸的身上每一处都具有很高的价值，深受人们的青睐。

◎狐狸的品种

狐狸的品种有很多，常见的有：

（1）蓝狐又称为北极狐，主要分布于欧亚大陆和北美洲北部的高纬度地区。蓝狐的吻部比较短，四肢短小，体圆而粗，被毛丰厚，耳宽而圆。蓝狐体长60～70厘米。尾长25～30厘米，有两种基本毛色，一种冬季呈白色，其他季节毛色加深；另一种常呈浅蓝色，但毛色变异较大，从浅黄至深褐。

（2）银黑狐又称银狐。原产于北美和西伯利亚，是野生状态狐的一种毛色突变种。银狐的体型比蓝狐大一些，吻部、双耳背部和四肢毛色为黑褐色。银狐针毛颜色有全白、全黑和白色加黑色三种，体长60～75厘米，体重为5～8千克。

（3）赤狐又名火狐狸，是狐属动物中分布最广和数量最多的一种。体

生活在沙漠岩石中的动物

重 5～8 千克，体长 60～90 厘米，体高 40～50 厘米，尾长 40～60 厘米。赤狐体形纤长，脸颊长，四肢短小、嘴尖耳直立、尾较长。赤狐的毛色变异幅度很大，一般头、躯、尾呈红棕色、腹部毛色较淡呈黄白色，四肢毛呈淡褐色或棕色，尾尖呈白色。

（4）彩狐是银黑狐、赤狐和蓝狐在野生状态下或人工饲养条件下的毛色变种的一种。

知识窗

　　妲己，为中国殷商王朝最后一位君主商纣王的宠妃，人称：一代妖姬。

　　妲己在小说《封神演义》中被描述为一个美艳无比的女子并为殷商皇后，不过她本性善良仁慈，后在入宫途中被九尾狐狸精害死，并被其附身，实际真正的妲己已死，作恶的只是九尾狐狸精。她怂恿纣王残害忠良，滥杀无辜，曾在情挑周文王之子伯邑考未遂后令将他剁成肉酱，做成肉饼让周文王吃下。并创出炮烙、虿盆等可怖酷刑。大臣比干烧毁轩辕坟，妲己设计让九头雉鸡精以义妹的身份入宫，名为喜媚，并成为纣王宠妃。两人联手演了一出双簧戏，使得比干被剖心而死。一次纣王夜宴群臣，妲己与喜媚在龙书房喝醉，不觉现出原形出来吃人，被武成王黄飞虎用金眼神莺抓坏面门，于是设计让黄飞虎的妻子贾氏被纣王调戏，使其羞愤自尽而亡，并间接害死了黄飞虎之妹西宫黄娘娘，使得黄飞虎反出朝歌。后来商朝将灭之时，妲己和喜媚与王贵人去劫周营，但是被姜子牙带领众人击退，在逃回轩辕坟的途中，被女娲娘娘擒获，由杨戬等三人抓回周营，最后被姜子牙用斩仙飞刀斩下首级。

拓展思考

1. 简述一下狐狸的特征？
2. 狐狸象征着什么？
3. 狐狸有什么经济价值？
4. 对狐狸的评价是什么？

生活在沙漠岩石中的动物

白头海雕
Bai Tou Hai Diao

◎名字的由来

雄性白头海雕的头部是白色的，所以白头海雕的俗名和学名都是源于此。俗名中的"bald"其实是源于一个英语的旧词"piebald"，意为"黑白相间"的意思，表示了它们白色的头部、尾部和黑色的身躯。学名"Haliaeetus leucocephalus"中的"Haliaeetus"是新拉丁语，意思是"海雕"，而"leucocephalus"一字是拉丁语，意思是

※ 白头海雕

"白头"，源自古希腊语中的"leukos"或"λευκο?"即"白"和"kephale"或"κεφαλη"即"头"。由此可见，白头海雕的生物命名是根据它自身的外形特征而命名的。

◎外形特征

体态：体长可达 1 米。

翅膀：翼展 2 米多长。

白头海雕外形极其美丽，但是性情却很凶猛，它的嘴、爪都较为锐利而钩曲，而且目光敏锐。白头海雕展开双翅、搏击长空、凌空翱翔时，总是那样英姿飒爽、威风凛凛。有时候，人们把白头海雕称之为秃鹰。这样就会让人以为，白头海雕像秃鹫一样头上没有羽毛。其实，白头海雕被叫做"秃鹰"是因为白头海雕的头部为白色，并且一直覆盖到颈部，看上去闪闪发光，同身上的羽色形成鲜明的对比，远远望去，总是给人一种没长羽毛的"光秃秃"的感觉，所以俗称为"秃鹰"。很显然，秃鹰的这种叫法是不科学的，因为它全身覆盖着丰厚的羽毛，并无秃可言。

白头海雕是北美洲所特有的一种大型猛禽，白头海雕同其他的食肉猛禽一样，雌雕要比雄雕的个头大，其中的原因有许多种可能。有些生物学家认为，雌雕的大个头能让它们更好地守护自己的巢、蛋和小雕。个头较小的雄雕翱翔起来更为轻松方便。一般来讲，雌白头海雕的翼展长达 2.3 米，雄白头海雕的翼展却仅有 1.8 米。白头海雕的这种外形更能守护好自己的地盘。

颜色：白头海雕未达到成年的时候，全身羽毛的颜色是深棕色；等到了 4～6 岁的时候，白头海雕的眼、虹膜、嘴和脚为淡黄色，头、颈和尾部的羽毛为白色，身体其他部位的羽毛为暗褐色，十分雄壮美丽。一只完全成熟的白头海雕，体长 71～96 厘米，翼展 168～244 厘米，重量 3～6.3 千克。白头海雕的平均寿命为 15～20 年，被豢养的有可能活到 50 岁左右。

◎分布范围

白头海雕主要分布在北美洲的加拿大、美国本土和北墨西哥，白头海雕是北美洲唯一的海鹰。白头海雕居住在北美洲的栖所有多沼泽的支流、路易斯安那、Sonoran 沙漠以及东部落叶林、魁北克和新英格兰。北部的白头海雕属于候鸟，而南部的白头海雕属于留鸟。白头海雕早先养殖在北美洲的中部。但是白头海雕的最低数量主要限于阿拉斯加、阿留申群岛北部和东加拿大和佛罗里达。此外，白头海雕的亚种也分布于北美洲的各个地区。

◎生活环境

白头海雕属于一种极其凶猛的捕杀动物，它们具有利爪和撕裂动物用的钩嘴，这也正是鸟类学家授予它们猛禽的称谓。白头海雕像其他大多数猛禽一样，是日间捕食性鸟类，出行的时候是成双成对的，凭其异常敏锐的视力，即使在高空飞翔，也能洞察到地面、水中和树上的一切猎物。不过，白头海雕主要以鱼类为主食。所以，它们常常栖息于河流、湖泊或海洋的沿岸。在美国阿拉斯加州海纳斯附近的奇卡特河区域，在每年 11 月份鲑鱼洄游时期，仅仅 10 多公里长的河岸，竟能吸引三四千只白头海雕。由于白头海雕的到来，也给当地旅游业带来一笔丰厚的经济效益。

◎生活习性

白头海雕的主食主要是大麻哈鱼、鳟鱼等大型鱼类。此外，白头海雕也吃海鸥、野鸭等水鸟以和生活在水边的小型哺乳动物。白头海雕的飞行能力极强，在飞行的时候，常常会发出类似于海鸥的叫声。它们的视力比人类的眼睛要锐利许多，尤其是对移动物体的反应视力更是出类拔萃。白头海雕常常凌空盘旋，放眼四野，明察秋毫，动作敏捷，狡兔纵有三窟也难以逃脱它的利爪。此外，白头海雕还能够在水面上抓起几十千克重的大鱼。通常情况下，白头海雕都是合力追逐捕捉受伤或瘦弱的水鸟。白头海雕偶尔会进攻那些在飞行中的天鹅，也会把浮在水面上的大鱼拖到岸边。

在捕食的时候，白头海雕一边在海面或湖面盘旋，一边用其锐利的目光搜索贴近水面游动的鱼类。白头海雕一旦发现目标，便急速俯冲下来抓获。如果鱼比较小，它们就会用锐利的爪子一下抓到鱼背腾空而起；如果碰到大鱼抓不起来时，就会被大鱼拉入水中。因此，当经过奋力拼搏，实在不能获取猎物时，白头海雕就会放开大鱼，重新飞上天空。

◎生长繁殖

每种动物都有它的交配季节，白头海雕彼此之间的交往是由一年中的不同时间而定。一般情况下，春季和夏季，成年都忙于筑巢。为了便于捕鱼，白头海雕往往会将巢筑于河流、湖泊或海洋沿岸的大树上，年复一年地使用和修建同一个巢。在这段时间里，准备繁殖配对的白头海雕都会坚守着自己的地盘。它们很少和其他白头海雕之间有亲密的接触，除非是为了赶走入侵者。那些年龄太小、还不能交配的海雕会在暖和的月份里东寻西探，先了解一下周围的环境，努力地生存下来。在

※ 雪地里的海雕

冬季迁徙的时候，白头海雕彼此会交往得多一些，它们常常聚集在一个丰富的食物源周围。对此，生物学家们认为，白头海雕的这种冬季聚居能够为年轻的成年海雕提供一个可能与配偶相遇的场所。

白头海雕实行的是终生配偶制。到了繁殖季节，白头海雕就会成群地集中到一些食物比较丰富的地区，将巢筑于悬崖峭壁上，或者是参天大树的顶梢上。它们筑巢的材料主要是树枝，里面也铺垫一些鸟羽和兽毛。白

生活在沙漠岩石中的动物

头海雕和其他鹰类一样，也喜欢合理利用旧巢，并且在繁殖期间不断地进行修补，使巢变得越来越庞大。一般来说，白头海雕筑巢的直径可达 2.8 米，厚可达 6 米，重量可达 2000 千克。

一般鸟类在孵化期间是不产卵的，但白头海雕却有着明显的不同。雌鸟在产下第一枚卵后就开始孵化，在孵化初期还会再产下第二枚卵。这样雏鸟出壳的日期先后只相差几天，因此先出壳的雏鸟往往比后出壳的雏鸟要大得多。

雌白头海雕一般在每年 11 月上旬进行产卵，但是，分情况而定，有的早些，有的晚些，不同的时间之间相差几个月。每窝产卵 2 枚，孵化期为一个月左右，第一只雏鸟和第二只雏鸟出壳的日期可以相差好几天。在雏鸟出壳之后，一般需要经过 4 个月的时间，才能长成幼鸟。雏鸟由雄鸟和雌鸟共同觅食抚育。通常都是喂给它们小鱼或小型哺乳动物，在喂给雏鸟之前要先撕成碎片。随着雏鸟不断长大，饲喂的食物块也会越来越大，最后便将整个的食物放在巢中，任其啄食。在育雏晚期，白头海雕每次喂给小白头海雕的食物数量更多了，但是喂的次数却逐渐减少。当食物极端缺乏时，便导致同窝雏鸟自相残杀。先出壳雏鸟如果没有食物可吃，就会把后出壳的雏鸟当做食物吃掉。由此可见，白头海雕雏鸟在成长的过程中，也需要经过严酷的生存竞争。

▶知 识 窗◀

1782 年 6 月 20 日，美国总统克拉克和美国国会通过决议立法，选定白头海雕为美国国鸟。今天，无论是美国的国徽，还是美国军队的军服上，都描绘着一只白头海雕，它一只脚抓着橄榄枝，另一只脚抓着箭，象征着和平与强大武力。鉴于白头海雕身价不凡，作为美国国鸟，受到了法律保护。1982 年时任美国里根总统宣布每年的 6 月 20 日为白头海雕日，借以唤起全国民众的关注，这足以说明其重视程度。

| 拓展思考 |

1. 白头海雕的名字是怎么得来的？
2. 白头海雕分布在什么地方？
3. 白头海雕的生活特性是什么？
4. 用自己的话对白头海雕做一个简述。

生活在沙漠岩石中的动物

响尾蛇
Xiang Wei She

◎体型特征

响尾蛇属于脊椎动物，爬行纲，蝮蛇科。一种管牙类毒蛇，蛇毒是血循毒。

体态：一般体长约 1.5～2 米。

颜色：体呈黄绿色。

背部：背部具有菱形黑褐斑。

尾部：尾部末端具有一串角质环。

※ 响尾蛇

当遇到敌人或急剧活动时，响尾蛇就会迅速地摆动尾部的尾环，每秒钟可摆动 40～60 次，能长时间发出响亮的声音，致使敌人不敢近前，或被吓跑，故称为响尾蛇。

◎生活习性

多数种类的响尾蛇捕食小型动物的时候，主要是齧齿类动物，幼蛇主要以蜥蜴为主食。响尾蛇所有种类皆为卵胎生，通常一窝就生十几条。响尾蛇同其他蛇类一样，既不能耐热又不能耐寒，所以热带地区的种类已变为昼伏夜出，暑天时都躲在各种隐蔽的地方，冬天则群集在石头裂缝中休眠。响尾蛇都是毒蛇，对人类是有危害的。随着蛇咬伤治疗方法的不断改进，响尾蛇咬伤已不再像以前那样威胁人类的生

※ 盘旋着的响尾蛇

命。尽管如此，被咬伤之后还是要遭受很大的痛苦。毒性最强的是墨西哥西海岸响尾蛇和南美响尾蛇，这两种蛇的毒液对神经系统的毒害更甚于其他的种类。美国毒性最强的种类是菱斑响尾蛇。

角响尾蛇主要生活在沙漠或红土中，主要是一些被风吹过的松沙地区。它是靠横向伸缩身体前进的，其方式很奇特。

角响尾蛇在夜幕降临之后不久就开始捕食。它吃啮齿类动物，例如更格卢鼠和波氏白足鼠。白天它在老鼠洞里休息，或是将自己埋藏在灌木下，与沙面保持同高，被发现的几率很小。

◎死后咬人的秘密

响尾蛇身上含有的毒奇毒无比，足以将被咬噬之人置于死地，但死后的响尾蛇也同样危险。根据美国的研究得出，响尾蛇即使在死后一小时内，仍可以弹起施袭。

美国亚利桑那州凤凰城"行善者地区医疗中心"的研究者发现，响尾蛇在咬噬动作方面有一种极强的反射能力，而且不受脑部的支配。

世界上被响尾蛇咬过的人很多，研究员访问了34名曾被响尾蛇咬噬的伤者，其中5人表示，自己是被死去的响尾蛇咬伤。即使这些响尾蛇已经被人击毙，甚至头部切除后，依然有咬噬的能力。

科学研究得出，响尾蛇的头部拥有一副特殊的器官，可以利用红外线感应附近发热的动物。而响尾蛇死后具有的咬噬能力，就是来自这些红外线感应器官的反射作用。即使响尾蛇的其他身体的各个机能已停止，但只要头部的感应器官组织还未坏掉，即响尾蛇在死后一个小时内，仍可探测到附近15厘米范围内发出热能的生物，并自动做出袭击反应。科学家根据响尾蛇的这一原理发明出许多周边商品，主要运用于军事机构。

响尾蛇的毒性属于混合型蛇毒。被咬伤之后，立即便有严重的刺痛灼热感，如大型昆虫的叮咬，随即晕厥。然而这些只是初期的症状。晕厥时间短至几分钟，长至几个小时。恢复意识后感觉身体加重，被咬部位肿胀，呈紫黑色；体温升高，开始产生幻觉，视线中所有物体呈同一种颜色。响尾蛇的毒液与其他毒蛇毒液有明显的不同之处：其毒液进入人体后，产生一种酶，使人的肌肉迅速腐烂，破坏人的神经纤维，进入神经系统后能致使大脑迅速死亡。幸存活下来的人们说，切开其肿胀的胳膊，才发觉整个胳膊的肉都烂掉了，里面都是黑黑的、黏糊糊的物质，就如同熟透而烂了的桃子一样。

"响尾蛇"AIM—9是世界上第一种红外制导空对空导弹。红外装置可以引导导弹追踪热的目标，如同响尾蛇能感知附近动物的体温而准确捕获猎物一样。美国"响尾蛇"系列共有12型，AIM—9L属系列中的第三代，被称为"超级响尾蛇"，1977年生产，弹长2.87米，直径127毫米，最大射程18530米，可全方位攻击目标，最善于近距格斗，体积小，重量轻，结构简单，成本低，"发射后不用管"。据不完全统计，在多次局部战争中，被它击落的飞机有200多架。该弹于1983年停产，被更先进的导弹取代。

西方传媒称"响尾蛇导弹"是"具有划时代意义的空中杀手"。

拓展思考

1. 响尾蛇的身体特点是什么？
2. 用自己的话对响尾蛇做一个简述。

生活在沙漠岩石中的动物

角蝮蛇
Jiao Fu She

◎体型特征

体态：长 60～80 厘米。

头部：头部呈菱形。

眼部：眼睛上长有一对小角。

颜色：身体的颜色呈黄色或土黄色。

角蝮蛇是一种含有剧毒的毒蛇。

※ 角蝮蛇

◎分布范围

角蝮蛇是生活在沙漠的一种剧毒毒蛇，主要分布于各个沙漠地区，广泛分布于埃及。毒性很强，被咬后会在极度痛苦中死去，但仍有人把它们当成宠物来饲养。可毕竟它置人于死地的数量不足人类捕杀它们数量的

0.01%，它们现属于一级保护动物，濒临灭绝。如果人类再不采取禁猎措施，它们很可能会在3～5年内灭绝。

◎饲养价值

对于饲养角蝰蛇，人们最好不要过于相信它们，它们仍有可能发威咬人。每次喂食一只老鼠，每隔一周左右喂食一次。对于病症不要乱用药，要先请相关的专家，否则可能引发病症加重，甚至死亡。

▶知识窗

　　用蝰蛇作原料生产的一些贵重药品能医治多种疑难病症。蝰蛇毒素是生产高效抗血栓药物的原料；蛇干有祛风、镇静、解毒业痛、强壮、下乳等功效。
　　因此开展蝰蛇的人工养殖有较高的经济价值。蝰蛇纯干毒粉在国际市场是黄金价的20倍，在国内每克价超过1000元。

|拓展思考|

1. 角蝰蛇是什么颜色的？
2. 角蝰蛇的毒性有多大？

生活在沙漠岩石中的动物

白 蚁

Bai Yi

◎基本特征

白蚁，亦称虫尉属节足动物门，昆虫纲，等翅目，类似蚂蚁营社会性生活，其社会阶级为蚁后、蚁王、兵蚁、工蚁。

白蚁与蚂蚁是同类都称为蚁，但是在分类地位上有不同之处，白蚁属于较低级的半变态昆虫，蚂蚁则属于较高级的全变态昆虫。根据化石来判断，白蚁可能是由古直翅目昆虫发展而来，

※ 白蚁

最早出现于 2 亿年前的二叠纪。白蚁的形态特征与蚂蚁有明显的不同。白蚁触角念珠状，腹基粗壮，前后翅等长；蚂蚁触角膝状，腹基瘦细，前翅大于后翅。中国古书所称蚁、蚁、飞蚁、虸蜉、蠹、螱等，都与蚂蚁混同。在宋代的时期开始有白蚁之名，并确定为白蚁的别称。

◎分布范围

白蚁主要分布在热带和亚热带地区，以木材或纤维素为食。白蚁是一种多形态和群居性而又有严格分工的昆虫，群体组织一旦遭到破坏，白蚁就很难继续生存。目前全世界已知 2000 多种。中国除澳白蚁科尚未发现外，其余 4 科均有，共达 300 余种。白蚁的分布范围比较广。白蚁的身体体软而小，通常长而圆，白色、淡黄色，赤褐色直至黑褐色。头前口式或下口式，能自由活动。触角念珠状。

品级的白蚁是多形态的昆虫，一般每个家族可分为两大类型：

（1）生殖型：生殖性又称为繁殖蚁，主要分为原始繁殖蚁和补充繁殖蚁两类。原始繁殖蚁是长翅型有翅成虫，每巢内每年出现许多长翅型的繁殖蚁，到了一定的时候，分群飞出巢外进行交配时，翅始脱落。在较低级

的木白蚁和散白蚁巢中，往往有不离巢的有翅成虫，但其自身的体色比较暗淡，翅脱落时并不整齐，其中有性机能者称为拟成虫。补充繁殖蚁有两类：短翅型和无翅型。此种现象在较高级的白蚁科昆虫的巢中比较少见。

（2）非生殖型：这一类型的动物不能繁殖后代，形态也与生殖型不同，完全无翅。主要包括若蚁、工蚁和兵蚁三大类。若蚁指从白蚁卵孵出后至3龄分化为工蚁或兵蚁之前的所有幼蚁。有些种类缺少工蚁，由若蚁代行其职能。工蚁是白蚁群体中数量最多的一类，工蚁的形态与成虫十分相似，通常体色较暗，有雌、雄性别之分。工蚁头阔，复眼消失，有时仅存痕迹。工蚁往往还有大、小型之分，没有生殖的机能，从事孵卵、哺育、筑巢、迁居和培养菌类及保护母蚁等类劳动，有时还参加防御工作。若干原始性白蚁，往往没有工蚁。兵蚁是白蚁群体中变化较大的品级，除少数种类缺兵蚁外，一般从3～4龄幼蚁开始，部分幼蚁分化为色泽较淡的前兵蚁，进而成为兵蚁。兵蚁大致可分上颚型和象鼻型两大类，前者有强大的上颚，后者有发达的额鼻。兵蚁往往有大、小型或大、中、小型之别。兵蚁在白蚁群体中所占的比例是固定的，多则被吞食消灭，少则分化增补。这种调节作用可能是通过兵蚁的头部或胸部腺体所分泌的社会外激素在群体中的传递而实现的。兵蚁也有雌、雄之间的差别。兵蚁的复眼除少数种类发达外，一般全缺，或退化只留下痕迹。触角的环节数常较生殖型个体少。兵蚁主要承担的工作是防卫，有些种类还可以从额腺中分泌起到防御性的乳汁来。

生活习性白蚁属于社会性的昆虫，由各种品级组成。在比较高级的白蚁中，都由一对脱翅后的雌、雄繁殖蚁掌管团体生活，雌的称蚁后，常与雄蚁同住于特建的"王宫"中。"王宫"一般位于蚁巢僻静处，上下有小孔，供工蚁和兵蚁通行。蚁后深居宫内，专司产卵，雄蚁专司交配。在大白蚁的同一"王宫"内，曾发现发育相等的两对蚁后和雄蚁。在较原始性的白蚁巢内，往往有大小不等的蚁后多个，可能是在原蚁后遗失或死亡之后补充繁殖起来的个体。等到蚁后产卵之后，工蚁常常在一旁静静地守护着，连续不断地把卵移送卵室内加以保护。巢内长翅型成虫在一年中的某一特定期间，即能成群分飞。分群时期因白蚁的种类和环境条件而异。在干燥地区，分群时期多在雨季或骤雨前后。显然，白蚁的分群与大气湿度之间有密切的关系。

白蚁的食物有很多种，除以木质纤维为食外，高级的白蚁常有培养菌圃取食菌体的习性。草白蚁、大白蚁、须白蚁的工蚁和兵蚁日常在地面活动，搜集食物。有的种类巢外活动的工蚁队伍长达1米以上，宽约10厘米。每一工蚁都用口衔小叶片运往巢内。在队伍的两侧，每隔一定距离就有一个兵蚁守卫，井然有序。在热带地区，这样的队伍可由 30 余万只白蚁组成。在中国已知的白蚁中，经济上比较重要的种有：鼻白蚁科的家白蚁，主要分布在华中、华南。大白蚁科的铲头堆砂白蚁，主要分布在广东、广西、福建。鼻白蚁科的黄胸散白蚁，主要分布在辽宁、河北、四川、云南。鼻白蚁科的黑胸散白蚁，分布四川、河北、河南等地。白蚁科的黑翅土白蚁，分布北纬 25℃ 以南各省。白蚁科的土垄大白蚁，主要分布于广西武鸣以南。

白蚁体软弱而扁，白色、淡黄色、赤褐色或黑褐色均有，各种不同种类体色也是不一样的。白蚁的口器为典型的咀嚼式，触角念珠状。有长翅、短翅和无翅型。具翅种类有两对狭长膜质翅，翅的大小、形状以及翅脉序均相似，故称等翅目。白蚁的翅经短时间飞行后，能自基部特有的横缝脱落。

白蚁属不完全变态的渐变态类，生活的习性极其复杂。白蚁按其生活习性又可分为两个类别：一是木栖性白蚁：群体大小不一，在木质建筑物，如木制门窗、木制地板、木制屋、铁道枕木、木制桥梁、枯树等的啮空部分建巢，取食木质纤维，是木材制品的大害虫。木材被蛀变空，建筑物容易倒塌。由于铁路枕木被蛀，影响使用寿命，对交通安全威胁极大。二是土栖白蚁：在地面下土中筑巢，或巢高出地面成塔状，称为蚁冢。土栖性白蚁主要以树木、树叶和菌类等为食。

说起白蚁的取食，还有一件非常有趣的事。据康熙年间出版的《岭南杂记》（吴震方著）记载，公元 1684 年，某衙门银库发现数千两银子失踪，官员们大为惊恐，他们到处寻找而不见，后来终于在墙壁下发现一些发亮的白色蛀粉，并在墙角下挖出一个白蚁窝，众官员当时不解，随后将白蚁放进炉内烧死，结果烧出了很多白银。如果这篇记载属实，则白蚁可以啃食白银是无疑的。关于白蚁蛀食金属和电缆的事，在我国和国外均有过相关报道，但到底是哪一种白蚁，无从查考。白蚁主要分布在热带和亚热带地区，在我国长江以南各省分布较普遍。

白蚁之中的工蚁、兵蚁和蚁后，它们一生都生活在蚁巢内，整日不见阳光。这种蚁巢多在树干内，地底下，以及建筑物的木材内。家中的衣箱、木器书柜等等，若是堆积着长年不移动，很容易成为白蚁的巢穴。这三种白蚁都是没有翅的，也从不出外觅食或是活动。因此除非发现它们的巢穴，我们很少有机会见到它们。

白蚁之中，担负有建立新家庭任务的主要是雄蚁和雌蚁，它们是有翅膀的。每逢夏季风雨将要来临的时候，气温酷热，它们经常会成千成万从巢内飞出，满天满屋都是。我们在夏夜灯下常见的那种油黄色的"飞蚁"，

生活在沙漠岩石中的动物

翅膀都很薄脆，一碰就掉，就是这种白蚁。我们大可不必为它们的翅膀跌落了而担心，因为它们身上的这对翅膀，主要的作用就是供它们从巢中飞出来。一旦它们飞出来之后，这对翅膀的任务就已经完毕，就是不碰它，它也会很快自动跌落。这种白蚁从巢内飞出以后，立刻就进行雌雄交尾，然后觅地建立新的家庭。

夏天人们在灯下工作时，往往还会见到这一种油黄色的白蚁，一前一后地互相追逐，便是它们在那里"拍拖"了。离开了老巢的雌蚁，经过交尾之后，逐渐长大，就成为新的蚁后。

全世界的白蚁约有 1900 种，其体长在 0.3～2.5 厘米之间，虽然它们体型很小，对人类的危害却很大。它们以木材纤维为美食，会毁坏房屋、桥梁、家具、地板、森林等，因为它们强大的破坏力，所以被广东人称之为"无牙老虎"。

不过，在自然界中，白蚁也有着很重要的作用，它们是腐木与朽材的分解者，它们是少数能分解纤维素的动物之一，使纤维素变成养料回归土壤，因此在生态循环中位居重要的一环。总之，白蚁有其弊，亦有其利，我们应客观看待白蚁。

连牛马都啃不动的木材，小小的白蚁又如何能把它消化掉呢？原来在白蚁的肠道里，寄生着一种名叫鞭毛虫的原生动物，解决了这个难题。

白蚁生存在地球已经有 2.5 亿万年之久，它们不但是历史最悠久的动物，而且还是最伟大的建筑师，这从它们所构筑的蚁冢即可证明。

在非洲与澳洲常见的高大白蚁冢，由十几公斤的泥土所砌成，有五、六米高，呈圆锥形塔状，远远望去，既似高塔，又像碉堡，成为当地特有的景观。

因为白蚁的肠道不分泌纤维素脢，无法消化木质纤维素，然而鞭毛虫能分泌一种消化纤维素脢，把木质纤维素酵解为可吸收的葡萄糖，为白蚁提供了充足的养分。另一方面，鞭毛虫也在白蚁的肠道中获得所需的养料。白蚁与鞭毛虫密切合作，互利共生，各取其利。

最神奇的是蚁冢内部的构造。其内部四通八达，有产卵室与育幼室，既坚固又实用，可供几百万只白蚁栖息。白蚁体软，只适宜在黑暗与潮湿常温下生活，一旦暴露在阳光下或温度过高、过热，很快就会干瘪死亡。为了保持蚁冢的高湿度，它们挖掘隧道，取地下水来润湿巢穴；为了维持蚁冢的常温，它们架起高耸的通风管，利用空气对流来克服这个难题，它们的确是一流的建筑师。

白蚁被称为"白蚁"，这名称实在不很恰当。白蚁属等翅目，是不完全变态类的昆虫，胸腹间宽阔，体质柔软，触角呈念珠状；蚂蚁属膜翅目，是完全变态类的昆虫，胸腹间狭窄，体质坚硬，触角呈膝状。它们根本不是蚁类。在繁殖能力和经过解剖后所得的结果，白蚁的一切倒有点近似我们日常所见的蟑螂，因此许多昆虫学家认为这两种小生物，在远古之时可能本是同宗。

▶知识窗

　　白蚁危害所造成的损失是惊人的，这些危害主要表现在以下几个方面：

　　一、对农作物的危害：一般来说，白蚁对我国农作物而言还不是重要的害虫。但是对经济作物甘蔗来说危害还是较为严重的。其种类主要有：台湾家白蚁，黄翅大白蚁，黑翅土白蚁，海南土白蚁，台湾乳白蚁。

　　二、对树木的危害：危害树木的白蚁种类很多，其主要种类有：新白蚁，堆砂白蚁，家白蚁，树白蚁，散白蚁，木鼻白蚁，土白蚁和大白蚁，原白蚁等。

　　三、对房屋建筑的破坏：白蚁对房屋建筑的破坏，特别是对砖木结构、木结构建筑的破坏尤为严重。由于其隐藏在木结构内部，破坏或损坏其承重点，往往造成房屋突然倒塌，引起人们的极大关注。在我国，危害建筑的白蚁种类主要有：家白蚁，散白蚁种堆白蚁等属。其中，家白蚁属的种类是破坏建筑物最严重的白蚁种类。它的特点是扩散力强，群体大，破坏迅速，在短期内即能造成巨大损失。

　　四、对江河堤坝的危害：白蚁危害江河堤防的严重性，我国古代文献上已有较为详细的记载，近代的记载更为详尽。其种类有土白蚁属大白蚁属和家白蚁属种类的白蚁群体，它们在堤坝内，密集营巢，迅速繁殖，苗圃星罗棋布（除家白蚁外），蚁道四通八达，有些蚁道甚至穿通堤坝的内外坡，当汛期水位升高时，常常出现管漏险情，更严重者则酿成塌堤垮坝。

拓展思考

1. 白蚁有哪些生活习性？
2. 白蚁的危害你能列举多少？

豹 子
Bao Zi

◎基本特征

豹子的体形像老虎一样，但比老虎要小，体长为 1~1.5 米，体重约 50 千克，最重可达 100 千克；尾长近 1 米；全身橙黄或黄色，其上布满黑点和黑色斑纹。雌雄豹子的毛色一样。

※ 豹子

豹子十分健壮。它的头很小，脸上有许多黑色的斑点，两只眼睛深深地凹了进去，发出尖锐的目光。它的耳朵是一对小三角形，鼻子也是三角形的。鼻子周围是白色的，鼻尖是黑色。嘴巴是一瓣一瓣的。它的牙齿很尖，可以把猎物咬死。豹子的后腿很粗，显得十分有力。它的腿很长，有利于奔跑。它们的尾巴也很长，可以在奔跑的时候保持平衡。它们的身上有许多黑色斑点，斑点外有白色的毛围住，其他都是黄色的。雪豹的毛很长，这样，它就可以在冰天雪地里出来捕食了。

豹子属于食肉目猫科豹的 1 种，又叫做金钱豹。主要广布于亚洲和非洲各地，在中国各省都有分布。世界有 20 多种亚种，中国有 3 种亚种：华南豹、华北豹和东北豹。

◎生活习性

豹子主要栖息在山地、丘陵、荒漠和草原，特别喜欢茂密的树林或大森林，没有固定的巢穴。总是单独外出活动。白天伏在树上，或卧在草丛中，或在悬崖的石洞中休息，夜晚出来四处游荡。豹子的动作非常灵活，善于攀树和跳跃，胆量也大，敢于和虎同栖于一个领域，能攻击体型较大的雄鹿或凶猛的野猪等。

豹子总是在夜间活动，在月光的照耀下，豹子的肚皮下有一条白色的轮廓线显得格外清晰，正是因为这条线，经常使它的进攻计划失败。在太阳光下，豹子身上的斑点和玫瑰花形图案形成了一层华丽的伪装层。当阳光透过森林的时候，正好洒在它金色的皮毛上。如果此时豹子站立不动，即使在几米之外，也很难以发现它的存在。豹子的全身布满了保护色，然而只有两处没有保护色：一处是尾巴下面，另一处是耳朵后面，这些白色斑纹使小豹子在夜间森林中行走时能够跟上它的父母。

豹子有一种非常奇特的习惯，它总是喜欢把猎物拖到一棵树上，把猎物悬挂在树枝上。由此，那棵树就成了豹子的食品贮藏室。豹子可以在它想进食的任何时候，回来享受它的猎物。豹子的这种行为可以有效地防止其他食肉动物和食腐动物的偷窃。狮子和猎豹只是偶尔爬到树枝上，为的是更好地观察周围的情况。而只有豹子是唯一把树作为家的大型猫科动物。

◎繁殖特性

豹子一般是冬春发情，妊娠时间为 3 个月，春夏季产崽，每胎 2～4 崽，幼崽 1 年后即离开亲兽。寿命 10～20 年。

豹是珍贵的观赏动物，毛皮非常艳美，是适合妇女的高级衣料。现在各个国家都已经把猎豹列为保护动物。

新世中期的时候，中国豹就已经出现了，这表示这种动物至少已生存超过 50 万年了。

◎种类分布

豹子的种类很多。例如：金钱豹、美洲豹、雪豹、猎豹……

豹子约有 24 个品种，各种豹子的差别不大，只是轮廓线和皮毛的颜色稍有差别。每一只豹子的斑点都有它自己独特的图案。

不论从沙漠到雨林，还是从平原到高原，豹子不论走到哪里都能生存。它没有什么奢求，只需猎物和水。今天，豹子仍然分布在从非洲到东方的广阔区域内。在亚洲，豹子被人类逼得节节败退。在印度和斯里兰卡的原始森林里，生活着相当数量的豹子。它们的适应能力很强，整个印度次大陆上遍布它们的足迹。在印度，这个国家公园是印度次大陆上仅存的几个没有遭到破坏的野生环境之一。

◎食物特征

豹子的主要猎食中、小型有蹄类动物，如麂、狍、麝、羊等，也吃小型肉食动物，如狸、鼬等，偶尔捕食鸟和鱼。豹子最常吃的猎物是羚羊和鸟。

豹子吃食物的时候非常有趣。金钱豹吃食都在树上，以免食物被别的动物抢走。它们先把猎物咬死，然后再把它的肚子咬开，把里面的五脏六腑吃掉。要是吃不完，就把它挂在树上，等到饿的时候再食用。

100万年的进化过程，造就了这种几乎完美的食肉动物。

一只雌豹重约50多千克，雄豹比它重十几千克。但是它们力大无比，豹子可以把一只比自身体重重一倍的猎物拖到树上去。除了人之外，成年的豹子可以说是所向无敌了。

豹子每隔20米就离开巡视的原路到树林中去释放些气味。这样孤独的动物竟然也如此强烈地需要与自己的同伴保持联系，真是令人惊异。这些气味的分布标志着领地界限，警告其他的同伴认清它的活动领域，当然，其中也有求偶和交配的成分。

◎ 进攻方式

豹子的进攻方式有两种，有时它们伏在树上等待猎物。这种方式有两点益处，猎物很少注意到来自上方的危险；居高临下，豹子的气味随风飘散，不易被对方发现。但也有不利之处，首先是豹子能否成功，关键在于猎物是否站在树下或从树下通过。其次是树上有不少吵闹的灰猴，它们发出的尖叫声破坏了豹子的捕猎计划。如果是斑点鹿的话，会对猴子的报警迅速作出反应，并以它们独特的方式向邻近的动物报警。可见，动物界的每一种动物都有自己的对话方式。

另外一种是偷袭，在猎物数目较多的情况下，豹子就以偷袭的方式进行捕食。豹子的偷袭本领非常出色。每当看到猎物以后，豹子就一点一点向前靠近，几乎一点声响也没有，因为豹子的爪子上有柔软的肉垫和尖利的爪甲。等到合适的机会，就会猛扑上去。然后找一块安静的、不受干扰的地方把猎物隐藏起来，从容地享用自己的战利品。

豹子很会调整自己的身体，一躺下就是很长的时间，豹子并不是只有在自己饥饿的时候才出来捕猎。即使它们刚刚饱餐一顿，随意猎杀一番也是很平常的事。但是更多时候，在它不饥不渴的情况下，豹子总是用一种只有猫科动物才具有的悠闲方式来消磨时光。像所有的食肉动物一样，豹子从不轻易地消耗自身的体力。

生活在沙漠岩石中的动物

◎豹子的哲学

　　人们称某某吞了豹子胆，说明此人胆子大。豹子胆大是无可置疑的。豹子敢向比它大得多的动物诸如牛、马、羚羊等动物发起进攻，且能屡屡得手，在豹子眼中，那些身高力大的动物是不堪一击的。豹子在自己的词典中没有怕字。面对自己的对手，它永远保持着凌厉的攻势。金无足赤，人无完人，豹子并非百战百胜，有时豹子也会被野牛的尖角刺穿肚子，悲壮地死去。但战败的豹子仍然是英雄，它用自身勇敢的精神捍卫了自己的尊严，用实际行动证明自己是勇士，而成败，却显得没有那么重要。

　　豹子不图任何的名利。常言道，豹死留皮，以此比喻人死后留名于世。《新王代史·周书·五彦章传》中说："彦章武人不知书，常为俚语谓人曰：'豹死留皮，人死留名。'其于忠义、盖天性也。"其实对豹子而言，它对名利是不屑一顾的，豹子很清楚地认识到，不管自己得到什么名声，那都是虚名，对于它来讲，最重要的是捉到猎物。没有名声，豹子不伤毫毛，而没有猎物，那就意味着死亡。因此，豹子视名声为粪土，而对实际能力则十分看重，只有捕捉到猎物才是生存和发展之本。一个人如果能像豹子那样超越自己，一定会成为一个了不起的人。我们应该告诉自己，我的字典里没有"不可能"。

　　豹子的生存法则是超越，豹子只有在狂奔中速度超越了其他动物，豹子才有机会捉到对方，获得最终的食物，否则，豹子只能白白饿死。根据科学家的考察，豹子的猎捕对象在生存竞争中不断提高着奔跑速度，用来摆脱豹子的追杀。但魔高一尺，道高一丈，豹子也不断地提速，奔跑起来像一阵迅猛的旋风，令同行的猎物防不胜防。豹子永远不满足自己创下的奔跑速度的记录，它所定的目标是一次次超越自己的记录，因为它知道，一旦满足了现在的状态，那么就会有生存危机。为此，豹子总是不停地给自己施加压力，无止无休地进行着"体能训练"，无止无休地磨炼自己，超越就是它的生存方式。在豹子的世界里，一旦没有了超越，那就意味着末日的到来。豹子每完成一次超越，就会得到一次丰厚的奖励。豹子是一种非凡的动物，是动物界的佼佼者，在它们的世界里，超越是生存手段，更是生存的法宝。

　　豹子的强大之处还在于它善于节制。豹子在吃东西的时候往往适可而止，从不搞得大腹便便，否则，饮食过度会使豹子变得笨拙，丧失自己优越的能力。节制对于豹子来讲非同小可，没有节制，就会失掉高速度，失掉高速度就会失去生存能力。从某种意义上讲，节制比勇敢更重要。假如豹子胆怯，那么豹子会丧失一些捕猎机会，但不会丧失全部的机会。而不知节制，过于贪婪，那么必然使豹子变得臃肿，从而丧失高强的捕猎能力，只能坐以待毙。可敬的是，豹子从不犯贪心的毛病，因而它永远保持良好的竞技状态，所向无敌。因此，不知节制的豹子只有死路一条。

▶知识窗

　　人类是唯一嫉妒豹子的动物。在动物界豹子几乎没有天敌，它勇敢、凶悍、强壮、神气，是名副其实的强者。然而，这一切却招来了人类的嫉妒，嫉妒心十分强烈的人类容不下豹子这位勇士，肆无忌惮地侵占它的家园或残忍地将它们猎杀。如今，这位动物界中的勇士在人类面前成了弱者。它的种群濒于灭绝。这是因为人们对豹子产生了无穷无尽的欲望。《本草纲目》中有这样的解释："豹肉味酸、性平、无毒，能安五脏，补绝伤，壮筋骨；脂和在发膏中，朝涂暮生；头骨作枕，睡后可以避邪，烧灰淋汁，去头风白屑。"不难看出，豹子对于人类的用途太大了。看来，人类消灭豹子的行动只能到豹子灭绝后才肯罢手。

｜拓展思考｜

1. 豹子的进攻方式是什么？
2. 雄心豹子胆指的是什么？
3. 豹子的种类可分为几种？

生活在沙漠岩石中的动物

袋鼠
Dai Shu

◎基本特征

袋鼠属于有袋袋鼠科，它们是澳大利亚著名的哺乳动物，在澳洲占有非常重要的生态地位。袋鼠的前肢短小，后肢却特别发达，常常以前肢举起，后肢坐地，以跳代跑。袋鼠一般的身高为 2.6 米，体重为 80 千克左右。

所有袋鼠，不管体积多大，都有一个共同的特点：长着长脚的后腿强键而有力。袋鼠以跳代跑，最高可跳到 4 米，最远可跳至 13 米，可以说是跳得最高、最远的哺乳动物。大多数袋鼠在地面上生活，从它们强健的后腿跳跃的方式很容易便能将其与其他动物区分开来。袋鼠在跳跃时，其自身的尾巴起到了平衡的作用，当它们缓慢走动时，尾巴则可作为第五条腿。

※ 袋鼠

所有雌性袋鼠都长有前开的育儿袋，育儿袋里有四个乳头。"幼崽"或小袋鼠就在育儿袋里被抚养长大，直到它们能在外部世界生存为止。

◎分布范围

袋鼠最初的时候产于澳大利亚大陆和巴布亚新几内亚的部分地区，其中，有些种类为澳大利亚独有。所有澳大利亚袋鼠，动物园和野生动物园里的除外，都在野地里生活。不同种类的袋鼠在澳大利亚各种不同的自然环境中生活着，从凉性气候的雨林和沙漠平原到热带地区。

袋鼠属于食草动物，吃多种类型的植物，有的还吃真菌类。它们大多在夜间活动，但极少数在清晨或傍晚的时候活动。不同种类的袋鼠在各种不同的自然环境中生活。比如，波多罗伊德袋鼠会给自己做巢而树袋鼠则生活在树丛中。大种袋鼠喜欢以树、洞穴和岩石裂缝作为遮蔽物。

袋鼠图常作为澳大利亚国家的标识，如绿色袋鼠用来代表澳大利亚制造。袋鼠图还经常出现在澳大利亚公路上，那是表示附近常有袋鼠出现，特别是夜间行车要高度警惕。

◎生活方式

袋鼠通常过着群居的生活，有时可多达上百只。但也有些如 wallabies 会单独生活。

袋鼠不会独立行走，只会跳跃，或在前脚和后腿的帮助下奔跳前行。袋鼠属夜间生活的动物，通常在太阳下山后几个小时才出来寻食，而在太阳出来后不久就回巢。

袋鼠每年繁殖 1～2 次，小袋鼠在受精 30～40 天左右即出生，刚出生的袋鼠非常瘦弱，无视力，少毛，生下后立即存放在袋鼠妈妈的保育袋内。直到 6～7 个月才开始短时间地离开保育袋学习生活。等过了一年后，正式断奶，离开保育袋，但仍活动在袋鼠妈妈的附近，随时随地获取帮助和保护。

袋鼠主要以矮小润绿离地面近的小草为生，将长草与干草留给了其他的动物。个别种类的袋鼠也吃树叶或小树芽。

◎最著名的袋鼠

袋鼠中最著名的是红袋鼠，其体型最大，生活在澳大利亚干燥的地带，其地带的年平均降雨量在 500 毫米以下。由于袋鼠的食物中含有大量的水分，所以它在没有活水的地区也照样能够生存下来。红袋鼠实际上只有公袋鼠是红色的，母袋鼠为灰蓝色。

红袋鼠又叫做大赤袋鼠。这类袋鼠是袋鼠科中体型最大的一种，产于澳大利亚及其附近岛屿，是澳大利亚的特产动物之一。袋鼠的前肢短小，后脚则长而有力，行进的时候，完全依靠后脚来跳，大尾巴则保持相应的平衡。如果它们去参加奥运会，一定能拿到"双跳冠军"。大袋鼠喜欢搞"小团体"，往往是结小群生活于草原地带，活蹦乱跳地在夜间觅食各种草类、野菜等。它们一般 1.5～2 岁成熟，寿命 20～22 年，被列入濒危野生植物国际公约附录上。红袋鼠全年均可繁殖，经过艰苦的"十月怀胎"，

生活在沙漠岩石中的动物

一般产下一崽。当袋鼠妈妈快生小宝宝时，便忙着照料自己的口袋，用舌头把里面的脏东西舔得干干净净的。

袋鼠家族中"种族歧视"相当严重，它们对外族成员进入家族则不能容忍，甚至本家族成员在长期外出后再回来也是不受欢迎的。家族即使接受新成员，也要教训一番，直到新成员学会许多"规矩"后，才能和家族融为一体。

最大的有袋动物是大赤袋鼠，主要生活在澳大利亚东南部开阔的草原地带，它也是袋鼠类的代表种类，堪称现代有袋类动物之王。

大赤袋鼠的形体似老鼠一样，仿佛一只特大的巨鼠。其实，它与老鼠之间不存在什么亲缘关系。它的体毛呈赤褐色，体长130～150厘米，尾长120～130厘米，体重70～90千克。而头部却非常小，面部较长，鼻孔两侧有黑色须痕，眼大，耳长。相貌奇特，惹人喜爱。

大赤袋鼠常常在早晨和黄昏活动，白天隐藏在草窝中或浅洞中。喜欢集成20～30只或50～60只群体活动，以草类等植物性食物为主。大赤袋鼠胆小而机警，视觉、听觉、嗅觉都很灵敏。稍有声响，它那对长长的大耳朵就能听到，于是便溜之大吉。

◎袋鼠的历史

袋鼠最早是由英国航海家詹姆斯·库克发现的，事实上并非如此。在他之前的140年，荷兰航海家弗朗斯·佩尔萨特于1629年就遇上了袋鼠。那一年，佩尔萨特的轮船在澳大利亚海岸附近搁了浅，看见了袋鼠以及悬吊在它腹部的育儿袋里的乳头上的幼仔。但是，这位细心的船长竟错误地推测，幼仔是直接从乳头上长出来的。不过，他的报道并没有引起大家的注意，很快就被人们完全忘记了。

1770年7月22日，库克船长第一次看见袋鼠，那一天他派几名船员上岸去给病员们打鸽子，改善生活。那是在澳洲大陆指向新几内亚的那个"手指尖"——约克半岛附近。现在的库克豪斯就坐落在这里，这个城市是以伟大的航海家库克的名字来命名的。人们打猎回来以后，说看到一种动物，有猎犬那么大，样子很好看，老鼠颜色，行动很快，转眼之间就不见了。过了两天以后，库克本人证实了船员们所说的并没有错，他自己也亲眼看见了这种动物。又过了两周，参加库克考察队的博物学家约瑟夫·本克斯带领四名船员再次上岛，深入内地进行为期三天的考察。后来，库克是这样记载的：

"走了几里之后，他们发现四只这样的野兽。本克斯的猎狗去追赶其中两只，可是它们很快跳进长得很高的草丛里，狗难以追赶，结果让它们跑掉了。据本克斯先生观察，这种动物不像一般兽类那样用四条腿跳，而是像跳鼠一样，用两条后腿跳跃。"

有趣的是，他们看到这种动物时，对这种前腿短、后腿长的怪兽感到非常惊异，就问当地的土著居民怎样称呼这种动物，土人回答："堪加鲁"。于是，"堪加鲁"便成了袋鼠的英文名字，并沿用至今。可是人们后来才弄明白，原来"堪加鲁"在当地土语中是"不知道"的意思。

◎袋鼠的起源

从进化论的角度来看，我们只有找到袋鼠的祖先，才能够进一步领略造物主的独特匠心。地球上现有的哺乳动物大约共有 4600 多种，依据其生理特征，它们可以分为三类：单孔类、有袋类和有胎盘类。这三类分别具有非常明显的特征，反映了它们在进化层次上的顺序。其中单孔类哺乳动物最为低等，也最为古老，现在也只剩下三种，其中最有名的当然就是鸭嘴兽。这说明这类动物设计得不是很完善，所以发生出来以及生存下来的种类才这么稀少。而有胎盘类动物的数目则多达 4300 多种，这说明这种设计相对比较完善一些，能够很好地适应地球现时的环境，例如其中作为万物之灵的人类，达到了生物进化的最高峰。剩下的就是 270 余种有袋类动物，这其中包括了喜欢蹦蹦跳跳的袋鼠，喜欢爬树的考拉和负鼠等等。由于鸭嘴兽等单孔类哺乳动物是最早从哺乳动物里面分支出来的。所以，想要知道袋鼠是如何起源的，就是要找到当有袋类和有胎盘类动物刚开始分道扬镳时的物种，也就是要找到最早出现的有袋类动物。

要寻找过去出现过而现在已经灭绝了的物种，当然只有依靠化石记录。由于恐龙作为一种爬行类动物在白垩纪和第三纪之交的约 6500 万年前突然之间灭绝了，白垩纪才开始出现的哺乳动物开始替代爬行类动物，成为地球的最高级的物种。因此要寻找袋鼠的祖先，就一定要到白垩纪早期的地层中去寻找其化石。非常幸运的是，1928 年由美国地质古生物学家葛利普在其著作《中国地质史》当中提出的"热河生物群"，正是属于白垩纪早期，而近一个世纪以来，特别是近几十年来，在解放前被称为热河，现在的辽宁西部地区，震惊世界的属于热河生物群的化石接二连三地被中国科学家发现，不仅是由于种类繁多，也不止是所包含的生物组合极其丰富，几乎囊括了白垩纪早期全部门类的陆相生物，包括鱼、两栖类、爬行类、鸟类和哺乳类，属于无脊椎动物的双壳类、腹足类、节肢类、介形虫，以及大量古植物及其孢粉。更重要的是，发现了很多非常完整的早期鸟类、带毛恐龙和原始哺乳动物的化石。在这些之中，就有迄今所知最原始的哺乳动物——金氏热河兽，最原始的有胎盘类动物——始祖兽，和最原始的有袋类动物——中国袋兽，正是这头中国袋兽，很可能向我们展示了袋鼠祖先的模样。

◎袋鼠哪里来

另外一个值得深思的问题是，如果中国袋兽确实是最早的有袋类物种，那么为什么现代的有袋类物种只是分布在澳洲和南美洲呢？现在得出，北美的负鼠是后期才从南美迁移到北美的，而现代，包括中国的欧亚大陆却没有任何一种有袋类动物存活下来。

人类得出了一个重要的线索，就是中国袋兽所从属的热河生物群的年代，然后再从那个年代地球所处的地质状况寻找答案。要确定中国袋兽存活的年代，有两种方法：一种是比较中国袋兽化石所处地层和其他地点已知的标准地层，由此可以肯定热河生物群生存于侏罗纪晚期到白垩纪早期之间；另外一种方法，是根据同地层中的火山岩的特定元素的同位素含量，与其在大自然非石化状态下的天然含量进行比较。由于同位素具有恒定的衰变速度，就可以知道火山岩成岩的绝对年代，从而知道同地层的化石成岩绝对年代，这就是所谓的同位素测量法。在 1995～1999 年之间，中国地质学家分别和加拿大及美国的地质学家合作，对辽西地区含热河生物群化石地层的火山灰夹层的矿物晶体当中的氩同位素进行了测量，最终确定了它的绝对地质年代约为 1.25 亿年。

科学永远存在未解之谜，我们只有等待更多的发现，才能更加清楚地了解，袋鼠到底是从哪里来的，为什么欧亚大陆反而没有了有袋类动物？

这就是说在距今 1.25 亿年的时候，像中国袋兽那样的有袋类动物，已经在辽西地区生存。目前一个自然的理论猜想，就是有袋类物种在最初从哺乳动物分化出来的时候，只是生活在地球的北方大陆，然后随着地质地理环境的变迁，才从北美迁徙到南美，再从南美迁徙到澳洲大陆，特别是澳洲大陆后来与南美大陆分离，成为一个独立的生态隔离环境，才保留或者是分化出袋鼠这样独特的有袋类物种来；而有袋类动物在欧亚大陆，则由于某种未知的缘故，这些动物已经完全灭绝。

·中国袋兽·

被命名为中国袋兽的化石，是一头完整的花栗鼠般大小的骨骼化石，甚至还能够清晰地看到它的皮毛，体长约15厘米，估计它生前的体重在25～40克之间。由于它的骨骼保存非常完整，这就为我们通过比较它和其他物种的骨骼特征，来确定它和哪种现存物种最接近提供了充分的信息。总体来看，它与现代有袋类动物最近似。

首先是它的牙齿，特别是它的后上门齿，具有独特的不对称钻石形状，几乎和现代的有袋类动物——袋貂完全一样；另外，它的第一颗上前白齿比较平，而且邻近上犬齿，后面有相对较大的齿隙。这些都体现了在白垩纪早期出现的有袋类动物开始从当时的哺乳动物分支出来，从而有别于有胎盘类动物的鲜明特征。

然后是它的手腕和脚踝，如上肢腕骨中明显粗大的钩骨，正好和袋鼠等现代有袋类动物上肢的头状骨和小多角骨相对应；其中的三角骨和舟骨，正好和现代有袋类动物的月骨、末梢尺骨和小多角骨相对应。这些特征都适应于它的抓取物品的动作，而同期的白垩纪有胎盘类哺乳动物却不具备类似特征。以中国地质博物馆馆长季强和美国卡内基自然历史博物馆古生物学家罗哲西为首的研究小组，通过380项在牙齿、颚骨、头骨和颅后骨架位置的特征上，全面对比中国袋兽与处于84个进化枝上的不同动物，得到一个非常确切的结论，就是这头中国袋兽与有袋类动物的亲缘关系，相比于它与有胎盘类动物，更加密切。因此它应该是当有袋类动物从哺乳动物明确分支出来时，迄今发现的最早的一个代表物种。

更有意义的是，相比于还只能在地面爬行的同期其他哺乳动物，中国袋兽已经能够灵敏地进行攀爬，显然这对于它获得食物和躲避捕食者，都是极其有利的，这个特征，在现代可爱的考拉身上得到了继承。

| 拓展思考 |

1. 用自己话描绘一下袋鼠的历史。
2. 袋鼠起源于什么地方？

生活在沙漠岩石中的动物

金雕

Jin Diao

◎基本简介

墨西哥的国鸟是金雕，它们的颈羽是金黄色矛尖状，眼暗色，虹膜黄色，嘴灰色，腿生满羽毛，脚是粗大的黄色，爪巨大。翅展长达 2.3 米。在北美洲，金雕主要分布在沿太平洋岸的墨西哥中部，穿过洛基山脉向北直至阿拉斯加和纽芬兰。金雕在美国得到联邦法令保护。少数具有繁殖能力的金雕，仍生存在欧洲的挪威、苏格

※ 金雕

兰、西班牙、阿尔卑斯山、意大利和巴尔干半岛等地区。非洲西北部也可见，但高纬度地区和东方更常见，例如西伯利亚、伊朗、巴基斯坦以及中国的南部等地区。

金雕是鹰科类的一种乌褐色雕，是北半球上众所周知的一种猛禽。如所有鹰一样，它属于鹰科。金雕最特别的地方是突出的外观和敏捷有力的飞行；成鸟的翼展平均超过 2 米，体长则可达 1 米，其腿爪上全部都有羽毛覆盖。它们一般生活于多山或丘陵地区，它们经常在山谷的峭壁以及山壁凸出处筑巢。瑞典是金雕的模式产地。

金雕以其外观的突出和飞行的敏捷有力而闻名。金雕属于漂移鸟类，主要栖息于山地森林，秋冬季节也常到林缘、沼泽、低山丘陵、荒坡地带活动觅食。它们主要捕食野兔、旱獭、雉鸡和雁鸭类等。有时它们不仅会攻击小狍和小野猪等小动物，还会吃大型动物的尸体。金雕的种群数量日趋稀少，属于国家一级重点保护动物。

◎外形特征

金雕的体羽主要为栗褐色，属于大型猛禽。它们的全长约 76～102 厘

米，展翅可达 2.3 米左右，体重约为 2～6.5 千克。金雕的幼鸟，头部及颈部羽毛呈黄棕色；除初级飞羽最外侧的三枚外，所有飞羽的基部均带有白色斑块；尾羽灰白色，先端黑褐。长成后的金雕，翅和尾部羽毛均不带白色；爪为黄色；头顶的羽毛呈金褐色，嘴为基部蓝的黑褐色。金雕的嘴形大而强，后颈赤褐色，肩羽为较淡赤褐色，尾上覆羽尖端暗褐，羽基为暗褐色，尾羽先端 1/4 为黑色，其余为灰褐。飞羽内基部的一半为灰色，而且有不规则的黑横斑。

◎分布范围

金雕是一种留鸟，一般在草原、荒漠、河谷和高山针叶林等地都可以见到。金雕的分布遍及欧亚大陆、日本、北美洲和非洲北部等地。我国的金雕大部分分布在东北、华北及中西部山区，安徽、江苏、浙江等地也有少量的分布。金雕全世界共分化为 5 个亚种，我国有 2 个亚种，有一些可能是旅鸟或冬候鸟，其中分布于内蒙古东北部、黑龙江、吉林和辽宁等地的属于加拿大亚种，分布于其他地区的都属于中亚亚种。

◎生活习性

金雕在抓获猎物时，它的爪子能够像利刃一样同时刺进猎物的要害部位，撕裂皮肉，扯破血管，甚至扭断猎物的脖子。巨大的翅膀也可作为它的武器，有时金雕一扇翅膀就能将猎物扑倒在地。金雕的腿上被羽毛完全覆盖，脚趾有三个向前一个向后，脚趾上都长着又粗又长的角质利爪，内脚趾和后脚趾上的爪子更为锐利。

金雕的性情是极其凶猛的，它们的飞行速度极快，常沿着直线或圈状滑翔于高空。金雕的营巢材料主要以垫状植物的根枝堆积而成，内铺以草、毛皮和羽绒等。金雕主要捕食大型鸟类和中小型兽类，所食鸟类有斑头雁、鱼鸥、雪鸡等，兽类有岩羊幼仔、藏原羚、鼠兔、兔、黄鼬、藏狐等，有时也捕食家畜和家禽。金雕是珍贵猛禽，在高寒草原生态系统中具有十分重要的位置。金雕之所以需要特别保护，不仅因为它的数量特别少，还因为它的羽毛在国际市场上的价位相当高。

金雕一旦发现目标之后，就会以 300 千米的时速从天而降，并能在关键时刻戛然止住扇动的翅膀，然后牢牢地抓住猎物的头部，将利爪戳进猎物的头骨，使其丧失性命。经过专业训练的金雕，可以在草原上长距离地追逐狼，并能趁其不备，一爪抓住其脖颈，一爪抓住其眼睛，使狼丧失反

生活在沙漠岩石中的动物

抗的能力，曾经有过一只金雕前后抓住 14 只狼的记录。相比之下，它的运载能力比较差，负重能力还不到 1 千克。金雕将捕到的较大猎物肢解，先吃掉鲜肉和心、肝和肺等内脏部分，然后将剩下的分批带回栖息地。

◎生长繁殖

金雕的繁殖一般都较早，它们一般会在距地面高约 10～20 米左右的针叶林、针阔混交林或疏林内高大的红松、落叶松、杨树及柞树等乔木之上筑巢。有时也筑巢于山区悬崖峭壁、凹处石沿、侵蚀裂缝、浅洞等处，巢的上方多有突起的岩石可以遮雨，大多数背风向阳，位置险峻，难以攀登接近。

它们的巢由枯树枝堆积成结构庞大的盘状，外径约 2 米，高约 1.5 米，巢内铺垫细枝、松针、草茎、毛皮相对较软的物品。有时还要筑一些备用的巢，以防万一，最多的竟有 12 个之多。它也有利用旧巢的习惯，每年使用前要进行修补，有的巢可以沿用很多年，因此巢也变得越来越大，有的巢已经大到和人类的房子差不多了。当然它们的巢的大小也要看承受能力，否则也会出现倒塌。

金雕的繁殖期是在 2～3 月之间，多营巢于难以攀登的悬崖峭壁的大树上，每窝产卵 1～2 枚，卵的颜色是青白色，带有大小不等的深赤褐色斑纹。同一窝的卵的颜色也不同，有完全白色到褐色块斑的变化。金雕的卵是由父母共同孵出的，孵化期为 40～45 天，一般只有一、二只能够存活。雏鸟的羽毛会在 3 个月大的时候长齐。

如果巢中食物不足的时候，先孵出的幼鸟常常会向后孵出来的幼鸟发出攻击，并会啄下幼鸟的羽毛将其吞食，以补充饥饿。如果缺食的时间不长，较小的幼鸟有避让能力，尚不至于出现惨不忍睹的场景。如果亲鸟在达到大幼鸟忍耐极限之前还不能带回食物，就会出现骨肉相残的场面。较大的幼鸟就会把较小的幼鸟啄得浑身是血，甚至啄死吃掉。这种现象多发生在幼鸟 20 日龄之后，因为 20 日龄以前，常常有亲鸟在巢中守护。这种同胞骨肉自相残害的现象在大型猛禽的幼鸟中并不罕见，这也是它们依照优胜劣汰、适者生存的自然法则进行的种内自我调节。因为猛禽的食物来源往往呈周期性波动，它们的捕食并非人们想象中的那么容易，当食物短缺时，如果不进行种内调节，将对于整个种的生存和发展十分不利。它们就是通过这种种内调节、强食弱肉、适者生存的原则来更好地繁衍下一代。

▶知识窗

　　金雕一般都会单独或成对活动，结成较小的群体出去活动也只能在冬天偶尔见到，但有时也能见到一大群聚集在一起捕捉较大型的猎物。白天常见在高山岩石峭壁之巅，以及空旷地区的高大树上歇息，或在荒山坡、墓地、灌丛等处捕食。它善于翱翔和滑翔，常在高空中一边呈直线或圆圈状盘旋，一边俯视地面寻找猎物，它们对飞行的方向、高度、速度和姿势的调节是用柔软而灵活的两翼和尾的变化来控制的。

　　被人类训练有素的金雕不仅会帮主人狩猎，还会帮主人看护羊圈。用它们驱赶野狼在新疆的草原上是司空见惯的。在看护养圈的时候，周围是没有牧人的！在世界各地的动物园里，没有人成功地人工繁殖过一只金雕，因为它们向往的是自由与爱情，对于人工配对极为抵触，有的性格刚烈的金雕甚至以撞笼而死来相抗。

▌拓展思考▐

1. 简单描述一下金雕的特征。
2. 金雕主要分布在什么地方？

生活在沙漠岩石中的动物

◎基本简介

蜜蜂总科的通称是昆虫纲膜翅目。前胸背板不达翅基片，体被分支或羽状毛，后足常特化为采集花粉的构造的蜂类。成虫体被绒毛，足或腹部具由长毛组成的采集花粉器官。口器嚼吸式，是昆虫中独有的特征。蜜蜂是全变态。全世界已知约 1.5 万种，中国已知约 1000 种。有不少种类的产物或行为与医学、农业和工业有着密切的关系，它们被称为资源昆虫。

※ 蜜蜂

◎生活习性

蜜蜂常常在巢室内产卵，幼虫在巢室中生活，营社会性生活的幼虫由工蜂喂食，营独栖性生活的幼虫取食雌蜂贮存于巢室内的蜂粮，等待蜂粮吃完的时候，幼虫成熟化蛹，羽化时破茧而出。家养蜜蜂一年若干代，野生蜜蜂一年 1～3 代不等。以老熟幼虫、蛹或成虫越冬。一般雄性出现比雌性早，寿命比较短，不承担筑巢、储存蜂粮和抚育后代的任务。雌蜂营巢、采集花粉和花蜜，并贮存于巢室内，寿命比雄性长。

蜜蜂以植物的花粉和花蜜为食。食性可分为三类：

1. 多食性，即在不同科的植物上或从一定颜色的花上采食花粉和花蜜，如意蜂和中蜂；

2. 寡食性，即自近缘科、属的植物花上采食，如苜蓿准蜂；

3. 单食性，即仅自某一种植物或近缘种上采食，如矢车菊花地蜂。

蜜蜂各种类采访的花朵与口器的长短有密切关系：例如隧蜂科、地蜂科、分舌蜂科等口器较短的种类采访蔷薇科、十字花科、伞形科和毛茛科开放的花朵；而切叶蜂科、条蜂科和蜜蜂科的种类由于口器较长，则采访豆科、唇形科等具深花管的花朵。

◎生活方式

独栖性：蜜蜂类绝大多数为独栖性，即雌蜂独自筑巢和采粉储粮，它们没有"等级"的分化。每一个巢室是开放的，内壁涂以蜡等防潮物质，室中储存足够的蜂粮。雌蜂在蜂粮上产卵，并封闭巢室。幼虫在巢内取食蜂粮。属于此类的大多是野生种类，例如分舌蜂科、地蜂科、隧蜂科、准蜂科、切叶蜂和条蜂科。

寄生性：雌蜂不筑巢，在寄主的巢内产卵。幼龄幼虫一般具有大的头和上颚，用以破坏寄主的卵或幼龄幼虫。

社会性：雌雄和雄蜂生活在同一巢中，但是它们在形态、生理和劳动分工方面均有区别。雌性个体较大，专营产卵生殖；雄性较雌性小，专司交配，交配后即死亡；工蜂个体较小，是生殖器发育不完全的雌蜂，专门用于筑巢、采集食料、哺育幼虫、清理巢室和调节巢湿等。意蜂和中蜂都是社会性种类。此外还有熊蜂属、热带无刺蜂属、麦蜂属等。

蜜蜂的筑巢本能比较复杂，筑巢地点、时间和巢类型的结构多样。筑巢时间一般在植物的盛花期。根据筑巢的地点和巢的质地，可分为以下几类：①营社会性生活的种类以自身分泌的蜡作脾，如蜜蜂属、无刺蜂属、麦蜂属等。巢室为六角形。②在土中筑巢的种类最多，巢室内部多涂以蜡和唾液的混合物，以保持巢室内的湿度。③利用植物组织筑巢的更为多样，例如切叶蜂属可把植物叶片卷成筒状成为巢室，置放于自然空洞中；黄斑蜂属利用植物茸毛在茎上作成疣状的巢；芦蜂属和叶舌蜂属在枯死的植物茎干内部筑巢；雄蜂属的一些种类在树林的枯枝落叶下营巢；木蜂属在木材中钻孔为巢等。④其他如石蜂属利用唾液将小砂石粘连成巢，壁蜂属在蛞蝓壳内筑巢等等。

蜂巢一般是零星分散的，但也有同一种蜜蜂多年集中于一个地点筑巢的情况，从而形成巢群。例如，毛足蜂属的巢口数可以多达几十个甚至几百个。

◎地理分布

蜜蜂类的地理分布多取决于蜜源植物的分布，全世界均有分布，而以热带、亚热带种类较多。不同亚科或属的分布有一定局限性，例如蜜蜂科

生活在沙漠岩石中的动物

的雄蜂以北温带为主，可延伸到北极地区，而在热带地区则无分布记录。短舌蜂科多分布于澳大利亚；蜜蜂科木蜂族的突眼木蜂亚属只分布于中亚；蜜蜂科的无刺蜂属则分布于热带。不同景观均有蜜蜂分布，它们大多数栖居在荒漠草原、草原、森林草原、河谷和山地。各景观带均有代表属或种，例如地熊蜂为森林草原种，拟地蜂属为典型的草原属，准蜂属以草原种居多。

◎分类与进化

根据化石资料，蜜蜂在第三纪晚始新世地层中就已被大量发现。它的出现与白垩纪晚期显花植物的繁盛密切相关。

在分类上，蜜蜂总科与泥蜂总科比较接近，其祖先可能起源于泥蜂总科的一支。但因它们食性不同，形态特征也有明显的分化。蜜蜂的进化特点是：嚼吸式口器，采粉器官形成，体毛分支；成、幼期均吃花蜜和花粉；群体和社会性生活方式出现；多态型和总科内寄生性的出现等。

在昆虫纲中，蜜蜂属于高级进化的类群。社会性生活方式的出现表现在："语言"信息的传递，通过"舞蹈"动作辨认蜂巢的方法，以及巢的不同结构等。

◎蜂群周年生活的消长

1. 恢复时期：蜂群经过漫长的冬季，越冬后的老蜂剧烈衰退，哺育能力大大下降，工蜂对蜂王营养供给不足，蜂王的产卵出现下降的趋势，早春气温低，群势弱，老蜂死亡率高，而出房新蜂少，出现死多生少的春衰现象，群势基本维持不变，这一时期称蜂群恢复期。

2. 发展时期：新生蜜蜂完全代替了越冬老蜂。新蜂哺育能力大大增强，蜂数开始快速增长，蜂群出现了生机勃勃的景象，并且开始出现雄蜂。

3. 强盛时期：也叫分蜂前期。由于蜂数迅速增长，蜂王产卵能力满足不了哺育蜂的哺育要求，产生哺育蜂过剩现象，巢内拥挤，巢温升高，分蜂情绪逐渐酿成。蜂群采集的积极性开始下降，蜂王产卵量开始减少，繁殖速度缓慢。蜂王颜色发暗，腹部缩小，出现了许多王台，将要发生自然分蜂。

4. 秋季蜜蜂更新时期：秋季主要蜜源结束后，蜂群培育的冬季蜂更替夏季蜂，冬季蜂主要是没有哺育过幼虫的工蜂，它们的上颚腺、舌腺、脂肪体等都保持发育状态，能渡过寒冬，到第二年春季仍然能哺育幼虫。

5. 越冬时期：晚秋随着气温的下降，蜂王逐渐减少产卵到停止产卵，气温在5℃以下，蜂群开始结团，蜂团中心温度在14℃～30℃，蜂团表面温度在6℃～8℃，冬季只有老蜂的死亡，到早春时蜂群数量减到最低点。实践证明，秋季培育更新蜜蜂越多，冬季死亡率越低，饲料越省，到早春蜂群数量越多，蜜蜂寿命长，采集力强，抗病性好等。这是夺取高产、稳产的基础。

因此，按照蜂群消长的规律，人为地创造条件，对加速蜂群繁殖，越好冬是非常重要的。

◎蜂群的成员

蜂群主要是由蜂王、工蜂和雄蜂组成。

蜂王

蜂王也叫"母蜂"、"蜂后"，是蜜蜂群体中唯一能正常产卵的雌性蜂。

蜂王本来和普通的工蜂没有分别，普通的工蜂孵化成幼虫后可以食三四日蜂王浆，但是如果一条好运气的幼虫被安排住入王台，就终生有蜂王浆可食，就会变成蜂王。但是王台不止一个，最先破蛹而出的蜂王会下令杀死未破蛹的蜂王。

如果有两只同时破蛹的话，就使出"王者之针"进行王者之战，二者必有一死方休。

在自然界中，一个蜜蜂群体有几千到几万只蜜蜂，由一只蜂王、少量的雄蜂和众多的工蜂组成。蜂王体较工蜂长1/3，腹部较长，末端有螫针，腹下无蜡腺，翅仅覆盖腹部的一半。足不如工蜂粗壮，后足无花粉筐。蜂王的交尾在飞翔中进行，一生只在一定时间内交尾1次或数次。交尾后，雄蜂阴胫折断，很快就死去。蜂王将精子贮存在受精囊内，可供一生之中卵细胞受精用。交尾2～3天后，即开始产卵，已产卵的蜂王，除自然分蜂外，一般不飞离蜂巢。分蜂时，老蜂王只带走少数蜜蜂，留多点蜜蜂给新蜂王。蜂王在蜂群中，寿命3～5年。由于年老的蜂王生殖率逐渐下降，在养蜂业中常被人工淘汰。

养蜂业中可以一巢双王，这样可以增加蜜量。当然他们不可以见到对方。

工蜂

工蜂就是人们常见的蜜蜂，它是蜂群中生殖器官欠发达的蜜蜂，体重

生活在沙漠岩石中的动物

仅 80 毫克。它在蜂群中占总数的 99％以上，在数量上占绝对多数。它们是蜂群内一切工作（如哺育、采集、清洁和保卫等）的承担者。就是工蜂把百花丛中的点点蜜汁采集起来，奉献给人类，我们所得到的蜂产品都是来自工蜂的劳动。工蜂，它那勤劳、勇敢、无私奉献的精神，常为人类所讴歌赞颂。

工蜂每日都不知疲倦地辛勤劳动着，但工蜂间也按不同日龄进行分工，一般可分为幼年蜂、青年蜂、壮年蜂和老年蜂，其担负的职能也不同。

1. 幼年蜂：指出房至第 6 天的工蜂。三天内它仍需其他工蜂喂食，但小小年纪已担负着蜂群的保温和清理巢房的工作。四天后，能负责调制花粉、喂养幼虫等工作。

2. 青年蜂：一般为 6～17 日龄的工蜂。其主要职能是分泌王浆喂养幼虫和蜂王，从第 13～18 天开始能分泌蜡片，担负筑巢、清巢和酿蜜的工作。

3. 壮年蜂：指 17 日龄后的工蜂。其任务是采集花蜜、花粉和水分等，也负责蜂巢的部分守卫工作。它们日出而作，日入而息，不知疲倦的辛勤工作，是蜂群中最主要的生产者。

4. 老年蜂：是指 30 日龄以上的工蜂。此时工蜂身上绒毛已磨损，显得油黑光亮，其主要任务是从事保卫和采水。老年蜂具有强大的自我牺牲精神，特别当受到外敌入侵时，会奋不顾身，与敌同归于尽。当老年蜂预感生命终了时，会飞离蜂巢，最后暴死荒野。工蜂的寿命一般为 1～3 个月，除极少数工蜂是病死或被害外，几乎都是劳累而死。

工蜂的一生，是勤劳的一生、奉献的一生，它生命不息，劳动不止，为了蜂群的生存，鞠躬尽瘁，死而后已。蜜蜂的无私奉献精神，真是可歌可泣啊！

雄蜂

雄蜂数目很多，在一群体内可能近千个。雄蜂的唯一职责是与蜂王交配，交配时，蜂王从巢中飞出，全群中的雄蜂随后追逐，此举称为婚飞。蜂王的婚飞择偶是通过飞行比赛进行的，只有获胜的一个才能成为配偶。交配后，雄蜂的生殖器脱落在蜂王的生殖器中，此时这只雄蜂也就完成了它一生的使命而死亡。那些没能与蜂王交配的雄蜂回巢后，只知吃喝，不会采蜜，成了蜂群中多余的懒汉。日子久了，众工蜂就会将它们驱逐出境。养蜂人也不愿意在蜂群内保留过多的雄蜂而消耗蜂蜜，因而对它们进行人工淘汰。

由未受精卵发育而成的蜜蜂。具单倍染色体。体型粗壮，体色较工蜂深。头近圆形，复眼比工蜂和蜂王大，触角的鞭节有 11 个分节。翅宽大，腿粗短，无螫针、蜡腺和臭腺。在正常的蜂群中，雄蜂的数量从几百至上千只不等。专司与处女蜂王交配，以繁殖雌性后代。寿命可达 3～4 个月。正常的蜂群出现雄蜂有明显季节性，一般出现于春末和夏季，消失于秋末。华南的中蜂，入夏雄蜂消失，秋季繁殖期会再度出现，冬季蜜源结束后，又再度消失。通常雄蜂羽化出房后 12 日龄性成熟。有机会与处女王交配的雄蜂，交配后即死亡。

由此看来，工蜂在这个群体中数量最多。养蜂者对一个蜂群中保持的工蜂多少，因不同季节而异，一般为 2～5 万个工蜂。工蜂是最勤劳的，儿歌唱的"小蜜蜂，整天忙，采花蜜，酿蜜糖"，仅是指工蜂说的。除采粉、酿蜜外，筑巢、饲喂幼虫、清洁环境、保卫蜂群等也都是工蜂的任务。从春季到秋末，在植物开花季节，蜜蜂天天忙碌不息。冬季是蜜蜂唯一的短暂休闲时期。但是，寒冷的天气、蜂巢内的低温，对蜜蜂是不利的，因为蜜蜂是变温动物，它的体温随着周围环境的温度改变。智慧不凡的小蜜蜂想出了特殊的办法抵御严寒。当巢内温度低到 13℃ 时，它们在蜂巢内互相靠拢，结成球形团在一起，温度越低结团越紧，使蜂团的表面积缩小，密度增加，防止降温过多。

据测量，在最冷的时候，蜂球内温度仍可维持在 24℃ 左右。同时，它们还用多吃蜂蜜和加强运动来产生热量，以提高峰巢内的温度。天气寒冷时，蜂球外表温度比球心低，此时在好球表面的蜜蜂向球心钻，而球心的蜂则向外转移，它们就这样互相照顾，不断地反复交换位置，度过寒冬。在越冬结球期间它们是怎样去取食存放在蜂房中的蜜糖的呢？聪明的小蜜蜂自有妙法。它们不需解散球体，各自爬出取食，而是通过互相传递的办法得到食料。这样可保持球体内的温度不变或少变，以利于安全越冬。

分群的过程是这样的：由工蜂制造特殊的蜂房——王台，蜂王在王台内产下受精卵；小幼虫孵出后，工蜂给以特殊待遇，用它们体内制造的高营养的蜂王浆饲喂，待这个小幼虫发育为成虫时，就成了具有生殖能力的新蜂王。新蜂王即率领一部分工蜂飞去另成立新群。中华蜜蜂 Apiscer-anaFabr. 和意大利蜜蜂 A. melliferaL. 都是普遍饲养的益虫。在饲养过程中，新蜂王出世后就要人工替它分群，否则会有一个蜂王带领一批工蜂离开蜂巢飞走而损失蜂群。养蜂者用人为办法生产蜂王浆，实际上就是用人工制作一些王台，放入蜂箱内，供蜂王产卵，待小幼虫孵出，工蜂们用蜂王浆饲喂时，养蜂人即将蜂王浆取出。实际上，养蜂人使用的是骗术，可见就连聪明的小蜜蜂也有受骗的时候。

在蜜蜂社会里，它们仍然过着一种母系氏族生活。在它们这个群体大家族的成员中，有一个蜂王，它是具有生殖能力的雌蜂，负责产卵繁殖后代，同时"统治"这个大家族。蜂王虽然经过交配，但不是所产的卵都受了精。它可以根据群体大家族的需要，产下受精卵将来发育成雌蜂；也可以产下未受精卵，将来发育成雄蜂。当这个群体大家族成员繁衍太多而造成拥挤时，就要分群。

蜜蜂不喜欢汽油的味道。蜜蜂最害怕泡沫，因为它的翅膀一旦沾到泡沫因为过重，就会掉落。在美国一次高速公路车祸中，运蜂车翻倒，800万只蜜蜂顷刻间涌出，驾驶员正是因为身上沾了洒了的汽油，才逃过一劫。

蜜蜂是对人类有益的昆虫类群之一。它为农作物、果树、蔬菜、牧草、油茶作物和中药植物传粉，产量可增加几倍至20倍。蜂蜜是人们常用的滋补品，有"老年人的牛奶"的美称；蜂王浆更是高级营养品，不但可增强体质，延长寿命，还可治疗神经衰弱、贫血、胃溃疡等慢性病；蜂毒对风湿、神经炎等均有疗效；蜂蜡和蜂胶都是轻工业的原料。

所有的蜜蜂都以花粉和花蜜为食。在消化道中，花蜜可以被转化成蜂蜜。所有的雌蜜都有一种刺。蜜蜂和大蜂都是昆虫，但是这种种类的蜂大多数都是单独居住，有一些蜂住在别的蜜蜂的蜂窝里，并且从别的蜂那里获得食物。蜜蜂这个典型的群体有一个能产卵的蜂王，性别上未发展进化的雌蜂（工蜂），还有许多能生育的雄蜂。

根据种类的不同，工蜂的数量一般在12～5万多只的范围内，它们收集花蜜和花粉，如果是蜜蜂，还会将花蜜和花粉传送到特定的地方，这要通过跳特殊而严格的舞蹈而获得。他们的职责包括酿蜜，做蜡状蜂房的巢室，这些都是为食物存储和幼虫居住，还有照顾蜜蜂和蜂王，守扩蜂巢。蜜蜂是一个多年生群体，将会不断地有新蜂王被抚养起来。

▶ 知识窗

随着人类文明的足迹的延伸，工业化程度的发展，这些美丽的鸟也同样面临生存环境的恶化，种群锐减，一些种类已经或接近绝灭。新西兰的鸮鹦鹉，是唯一一种夜行性的在地面上爬行的鹦鹉科鸟类。它们原来分布于新西兰南部、司图尔特和其他岛屿，由于栖息地的老鼠和鼬而濒临灭绝。以塔布堤岛命名的塔布吸蜜鹦鹉，已在它的祖籍南太平洋的这个小岛上绝迹，人们顾及它的名实相符，只有新从库克群岛引进，但仍发发可危。这两种鹦鹉的天敌是鼠和猫，而它们在原籍生活了千百年，世代繁延，少有天敌。是人类活动的踪迹打破了这里的和平与宁静，船把开拓者、旅行者送到这些岛屿上的同时也将鼠和猫送上了岛。这些杀手吞吃鸟蛋和幼雏，让它们陷入灭顶之灾。无奈，世界野生动物保护组织将幸存者迁往没有天敌的岛屿，不再公知于众。我们今后也只能在图片和邮票上看到这些美丽的鹦鹉了。

鹦鹉种类繁多，形态各异，羽色艳丽。有华贵高雅的粉红凤头鹦鹉和葵花凤头鹦鹉、雄武多姿的金刚鹦鹉、涂了胭脂似的玄凤鸡尾鹦鹉、五彩缤纷的亚马逊鹦鹉、小巧玲珑的虎皮鹦鹉、姹紫嫣红的折衷鹦鹉、形状如鸽的非洲灰鹦鹉。泰国 2001 年发行了一套鹦鹉邮票，其中绯胸鹦鹉、花头鹦鹉、红领绿鹦鹉在我国境内都有野生种群，尤以绯胸鹦鹉为最，是驰名中外的笼鸟，主要产于我国四川省，也称四川鹦鹉。

| 拓展思考 |

1. 简单描述一下蜜蜂的特征。
2. 蜜蜂主要分布在什么地方？

生活在沙漠岩石中的动物

狒 狒

Fei Fei

狒狒属于狒狒属，同样也是属于猴科的一属，这个物种是世界上体型仅次于山魈的猴。狒狒一共可以分为五种，主要分布在非洲地区。如果按照以前的分类法，把狮尾狒也归到狒狒属，但是如今已经把它们单独列为一属。狮尾狒的雄性很凶猛，敢于和狮子对抗。狒狒属于杂食类，它们有时也会捕食一些小型哺乳动物。

※ 狒狒

◎外形特征

狒狒是灵长类中仅次于猩猩的大型猴类，体长 50.8～114.2 厘米，尾长 38.2～71.1 厘米，体重 14～41 千克；狒狒的头部粗长，吻部相对突出，耳小，眉弓突出，眼深陷，犬齿长而尖，具颊囊；体型粗壮，四肢等长，短而粗，较适宜地面活动；臀部有色彩鲜艳的胼胝；毛黄、黄褐、绿褐或褐色，通常尾部毛色很深；它们的毛很粗糙，颜面部和耳朵上都长有短毛，它们其中的雄性，颜面周围、颈、肩部有长毛，雌性则相对要短。

◎生活环境

狒狒主要栖息在热带雨林、稀树草原、半荒漠草原和高原山地，多分布在较开阔的、多岩石的低山丘陵、平原或峡谷峭壁中。狒狒主要在地面上活动，有时爬到树上睡觉或寻找食物。狒狒善于游泳，同时伴随着很大的叫声。狒狒通常白天出来活动，晚上栖息于树上或岩洞中。狒狒的食物也是很多样化的，主要包括蚱蟆、昆虫、蝎子、鸟蛋、小型脊椎动物和植物。它们一般在中午饮水。狒狒过着集体结群的生活，一个群体的数量为十几只到一百只，个别也会有 200～300 只的超大群。

狒狒群中通常是由一个老年强壮的雄狒统领，内部设置着专门的放哨者，它主要负责警告敌人的来临。当敌人侵袭的时候，狒狒群就马上撤退，首先是雌性和幼体，雄性在后面掩护，发出威吓的吼叫声，甚至反击，由于力大而凶猛，就会给来犯者造成威胁。它们每天的觅食活动范围可达到8～30千米，狒狒最重要的天敌为豹。狒狒没有固定的繁殖期，通常5～6月是高峰，孕期6～7个月，每胎产1崽。野生狒狒的寿命一般是20年。

▶ 知 识 窗

现在，狒狒是面临灭绝危险的稀有保护动物。有科学研究得出结论，由那些爱聚堆交流的雌狒狒生育和培养的孩子，它们的生存率尤其高。狒狒的善于交际对自己的家族或遗传基因的兴旺具体能起什么作用仍是个谜。不过也有相关的研究数据证明，狒狒之间的沟通交流，非常有利于它们相互间梳理皮毛和有效地降低心率跳动次数，也就是平静心绪，并且可以促使脑内物质的内啡肽（和镇痛有关的内源性吗啡样物质之一）分泌加速，从而消除紧张心绪。

通过以往观察研究资料，心理学家们还发现了一个现象，当雄狒狒面对危险时，不是以同样威吓的方式回报对方，就是逃之夭夭，但雌狒狒面临危险时，会向伙伴们发出求救信号。后来，在《科学》杂志上也发表了有关雌狒狒这一临危处置方式的研究成果。

对于自然界中的狒狒来说，它们通常都很好斗，由于能团结一致对外，因此是自然界唯一敢于和狮子对抗的动物，通常3～5只狒狒就能够和一只狮子搏斗，作风很果敢、顽强。因此，通常动物园的说明文字中都会亲切地称狒狒是：勇敢的小战士！

在古埃及人和法老们看来，狒狒可以说就是太阳神之子，原因是它们每天早晨都是第一时间全体迎接太阳的升起，非常虔诚！

‖拓展思考‖

1. 简单对狒狒做一个简介。
2. 狒狒主要生活在什么地方？

生活在沙漠岩石中的动物

SHENGHUOZHAI SHAMOYANSHI ZHONGDEDONGWU

岩石是固态矿物或矿物的混合物，其中海面下的岩石称为礁、暗礁及暗沙，由一种或多种矿物组成的，具有一定结构构造的集合体，也有少数包含有生物的遗骸或遗迹。说道蟾蜍人们无疑想到的就是青蛙，两者究竟有什么区别呢？蟾蜍是蛙类的一种，所以从科学的角度看，所有的蟾蜍都是蛙，但不是所有的蛙都是蟾蜍。

蟾蜍
Chan Chu

◎体型特征

蟾蜍也称为蛤蟆，它属于两栖动物，与青蛙属于同科目。蟾蜍的体表有许多疙瘩，内有毒腺，俗称癞蛤蟆、癞刺。在我国主要有两种，即中华大蟾蜍和黑眶蟾蜍。从蟾蜍身上提取的蟾酥可作为药材。

※ 蟾蜍

◎分布范围

蟾蜍分布在世界上的各个地方，从春末至秋末，蟾蜍白天多潜伏在草丛和农作物间，或在住宅四周及旱地的石块下、土洞中，黄昏时常在路旁、草地上爬行觅食。大部分蟾蜍行动缓慢而笨拙，不善于游泳，它大多时间都在地上爬行，但面临危险的时候，它也会做出相应反应，会有短距离的小跳。不过也有例外，比如蟾蜍类的雨蛙科、树蛙科、丛蛙科就非常善于跳跃式的生活方式。

蟾蜍是蟾蜍动物的总称，属于无尾目的动物。最常见的蟾蜍是大蟾蜍，俗称癞蛤蟆。皮肤的表面极其粗糙，背面长满了大大小小的疙瘩，这是皮脂腺。其中最大的一对是位于头侧鼓膜上方的耳后腺。这些腺体分泌的白色毒液，是制作蟾酥的原料。自古以来就有"癞蛤蟆想吃天鹅肉"的典故。

◎分类

蟾蜍科共有 300 多种蟾蜍，它们又可分为 26 个属，主要分布在除了马达加斯加、波利尼西亚和两极以外的世界各地区。大蟾蜍白天一般隐藏在比较阴暗的地方，例如石头下面、土洞内或草丛中。等到傍晚的时候，它们才出来觅食，在池塘、沟沿、田边、房屋周围等处活动，特别是在雨后表现得特别明显。

◎生长繁殖

雌蟾王每年可产卵 3.8 万枚左右，是两栖动物中产卵最多的一种。但是它的蝌蚪的体型却极其的小，仅 1 厘米。蟾王不仅能巧妙地捕食各种害虫，也能很好地保护自己。它满身的疙瘩能分泌出一种有毒的液体，凡是想吃它的动物，一口咬上去的话，马上产生火辣辣的感觉，就不得不将它吐出来。这就是不能小看蟾蜍的原因，虽然人们不喜欢它，但它确实为人们提供了不少帮助，不仅可以帮人们除害虫，还能作为药材为人民的健康带来好处。

◎蟾蜍与青蛙的区别

蛙类和蟾蜍虽然属于同一目，但它们之间的区别还是非常大的。首先它们之间的卵有着明显的区别：青蛙的卵堆成块状，蟾蜍的卵排成串状。而它们的幼体都是蝌蚪，幼年的青蛙颜色较浅、尾较长；而幼年蟾蜍的颜色较深、尾较短。其实蟾蜍也是蛙类的一种，所以从科学的角度看，所有的蟾蜍都是蛙，反过来的话，则是不正确的。两栖纲无尾目的成员统称蛙和蟾蜍，蛙和蟾蜍这两个词并不是科学意义上的划分，从狭义上说二者分别指蛙科和蟾蜍科的成员，但是无尾目远不止这两个科，而其成员都冠以蛙和蟾蜍的称呼，一般来说，皮肤比较光滑、身体比较苗条而善于跳跃的称为蛙，而皮肤比较粗糙、身体比较臃肿而不善跳跃的称为蟾蜍。实际上有些科同时具有这两类成员的特征，将蟾蜍和青蛙归为了一类，统称为蛙。

◎不要小看癞蛤蟆

千万不要小看蟾蜍，不论是神话中的蟾蜍还是现实生活中的蟾蜍，它都与人类有着密切的关系。蟾蜍一直是幸福的象征，它为人类做出了很多的贡献。

蟾蜍，又叫癞蛤蟆、大疥毒。但是它却是被人们最看不起的，不少人认为蟾蜍是低能儿。它的容颜极其丑陋，不时地在田埂道边钻来爬去。尽管人们不理解它，但它还是默默无闻地为人类工作着。蟾蜍是农作物害虫的天敌，据科学家们观察研究，在消灭农作物害虫方面，它要胜过漂亮的青蛙，它一夜吃掉的害虫，要比青蛙吃掉的害虫多好几倍。癞蛤蟆平时栖息在小河池塘的岸边草丛内或石块间，白天藏匿在洞穴中不活动，清晨或夜间才爬出来捕食。蟾蜍所捕食的对象是蜗牛、蛞蝓、蚂蚁、蝗虫和蟋蟀等。

蟾蜍比较喜欢阴暗的地方，白天一般躲在石头下面或者草丛中。它们喜欢在早晨和黄昏或暴雨过后出现在道旁或草地上。如被人们用脚碰一下，它会立即装死躺着一动不动。它的皮肤较厚，并且具有防止体内水分过度蒸发和散失的作用，所以能长久居住在陆地上面不到水里去。当冬季到来的时候，它便潜入烂泥内，用发达的后肢掘土，在洞穴内冬眠。癞蛤蟆行动起来笨拙蹒跚，不善于游泳。由于后肢较短，只能做小距离的、一般不超过 20 厘米的跳动。然而，癞蛤蟆在药物方面却有着很大的贡献。

蟾蜍不仅体型大，胃口也特别好，它常常活动在成片的甘蔗田里，捕食各种害虫。因此世界上许多产糖地区都把它请去与甘蔗的敌害作战，并取得了良好成绩。蟾蜍的足迹遍及西印度群岛、夏威夷群岛、菲律宾群岛、新几内亚、澳大利亚以及其他热带地区。每年为人类保护着相当十亿美元的财富。

知识窗

蟾蜍有一个很古老的传说。据说，在很久以前，王母娘娘召开蟠桃大会，邀请了各路神仙，蟾蜍仙也在被邀之列。蟾蜍仙在王母娘娘的后宫花园里遇到鹅仙女，便被鹅仙子的魅力所倾倒，动了凡心。鹅仙女呵斥他并向王母娘娘告状。王母娘娘听后大怒，随手将嫦娥南亚的月精盆月砸向蟾蜍仙，罚它下界为蟾蜍。月精盆化作一道金光侵入蟾蜍体内，王母娘娘非常后悔，担心会失去一件宝物，便令蟾蜍历经磨难后将月精盆完璧归赵，这样才可重列仙班，并且命令雷神监督。

另外还有一个流传于世间的刘海戏金蟾的神话故事。相传憨厚的刘海在仙人的指点下，得到一枚金光夺目的金钱。后来刘海就用这枚金钱戏出了井里的金蟾，得到了幸福。这说明人们渴望得到它拥有幸福。

| 拓展思考 |

1. 蟾蜍的表面是什么？
2. 蟾蜍分布在什么地方？
3. 蟾蜍和青蛙有什么区别？
4. 为什么说"不要小看蟾蜍"？

生活在沙漠岩石中的动物

蜥 蜴

Xi Yi

◎基本介绍

蜥蜴属于冷血类爬行动物，它是由出现在三叠纪时期早期的爬虫类动物演化而来的。蜥蜴也被称为"四足蛇"，还有人叫它"蛇舅母"，是一种非常常见的爬行类动物。蜥蜴和蛇之间有着十分亲密的近亲关系，二者有许多相似的地方，例如都是全身覆盖着一层角质性鳞片，泄殖肛孔都是一横裂，雄性都有一对交接器，都是以卵生的方法繁衍后代等。蜥蜴大部分种群都是靠产卵繁衍后代，但也有些种类已进化到可以直接生出幼小的蜥蜴。

※ 蜥蜴

◎繁殖与寿命

雄蜥蜴有一对用于繁殖交配的交接器，这个交接器有利于蜥蜴之间的交配受精。蜥蜴的交配季节是在每年的春末夏初、繁殖后代的繁忙时期。蜥蜴中个别种类雄性的精子可在雌体内保持活力数年，交配一次后可连续数年产出受精卵。其中还有一些特别的蜥蜴种类，这些蜥蜴中只有雌性个体的存在。经过科学家的研究表明，它们是行孤雌繁殖的种类。这类蜥蜴的染色体是异倍体。它们是蜥蜴中正常的繁殖种类，在一些特定的环境条件下也会改行孤雌繁殖。经过多年的科学研究认为，孤雌繁殖可以使蜥蜴家庭中的全体成员都参与到繁殖后代的行动中来，这样有利于蜥蜴种群迅速扩大，从而占据生存领域的高峰。

蜥蜴是以卵生的方式繁衍后代的，每年的夏季，蜥蜴都会进行交配和产卵，一般蜥蜴都会将卵产于较温暖和潮湿的地方，并且比较隐蔽的地方。每一次大约会产一两枚到十几枚不等的卵。卵体的大小与该蜥蜴个体的大小有直接关系。壁虎科类的蜥蜴所产的卵比较圆，卵壳中的钙质较多，壳质坚硬易脆。其他种类的蜥蜴所产的卵体则多为长椭圆形，壳革质而柔韧。

蜥蜴每年只繁殖一次，但在处于热带温暖潮湿环境中的一些蜥蜴种类，如岛蜥、多线南蜥、蝎虎、疣尾蜥虎与截趾虎等蜥蜴，则是可以终年进行繁殖生育，这类观点要看情况而定。

然而，蜥蜴之间有着不同的差别，有的蜥蜴种类，并不会将所产的蜥蜴卵排出体外，而是留在母体输卵管的后段成长发育，直到产出仔蜥，这种繁衍后代的方法被称做卵胎生。石龙子科中不少的蜥蜴种类都是以卵胎生为繁衍后代的主要方法。在蜥蜴的种类当中有一个比较特殊的情况，在同一属中的蜥蜴，有的种类以卵生为主要的繁衍生存方式，另一些种类则为卵胎生为主要的繁衍生存方式。例如南蜥属中，多线南蜥就是以卵胎生的方式繁衍后代，而同为南蜥属的多凌南蜥则是以卵生的方式繁衍后代。还有滑蜥属中血缘关系相近的秦岭滑蜥为卵胎生繁衍后代，而康定滑蜥却为卵生繁衍后代。

蜥蜴的寿命到现在还没有确切的定论，但是根据动物园蜥蜴饲养的资料表明，飞蜥的寿命一般在 2～3 年，岛蜥的寿命在 4 年，多线南蜥的寿命在 5 年，巨蜥的寿命在 12 年，毒蜥的寿命在 25 年，最长的生命纪录保持者大概就是一种蛇蜥了。蜥蜴的寿命一般都在 50 年左右。这些数字并不完全反映自然界蜥蜴生命的真实情况，但是可以作为参考。

生活在沙漠岩石中的动物

我国特产动物鳄蜥每到当年的年底，处于母体输卵管的仔蜥就会发育成熟，但是却延滞到第二年 5 月份的时候才会从母体中生产到外面。经科学家的研究证明，怀孕后期的鳄蜥，其体内的仔蜥已发育成熟，并且已无卵黄，而母体输卵管壁布满微血管网。这就表明处于发育后期的仔蜥就有可能是依靠母体提供营养的。

◎活动与摄食

蜥蜴属于变温性动物，冬季的时候，在温带及寒带生活的蜥蜴会进入休眠状态，以此来度过寒冷的冬季。然而生活在热带的蜥蜴，由于气候温暖适宜，蜥蜴可以终年在外进行活动。但是生活在特别炎热和干燥地方的蜥蜴，也会在出现极端天气时，有时会出现夏眠的现象，用以度过高温干燥和食物缺乏的恶劣气候环境。不同蜥蜴活动类型的形成，主要取决于蜥蜴所食用的食物对象，它的活动习性及一些其他自然因素影响。蜥蜴的类型也可分为白昼活动、夜晚活动与晨昏活动三种类型。

大多数蜥蜴都是肉食性动物，主要食用各种昆虫。壁虎类的蜥蜴喜欢在夜晚活动，以鳞翅目等昆虫为食物。体型较大的蜥蜴如大壁虎就以小鸟和其他类小型的蜥蜴为食物。巨蜥则是食用鱼、蛙，或是捕食小型哺乳动物为食。也有一部分蜥蜴如鬣蜥以食用植物为主要食物。由于大多数种类的蜥蜴都是以捕吃昆虫喂食，所以说，蜥蜴在控制害虫方面所起的作用是不可低估的。很多人以为蜥蜴是有毒动物，这是不对的。在全世界 6000 种蜥蜴中，已知有毒的蜥蜴只有两种，都是隶属于毒蜥科，它们主要分布在北美及中美洲地区。

个体蜥蜴的活动范围大都具有很强的局限性。树栖性蜥蜴每天的活动范围也就只在几株树之间。据有关研究，只在地面活动的蜥蜴，如多线南蜥，它的活动范围平均在 1000 平方米左右。有的蜥蜴种类在活动范围方面还表现出年龄的差异。如蝘蜓大多都孵化在水中，孵化后也只在附近的水域活动，成年后才转移到较远的林中活动。

◎尾的自截与再生

许多蜥蜴在遭遇敌害或受到严重干扰的时候，常常会把尾巴断掉，利用断尾的不停跳动吸引敌害的注意力，好让其本身的主体逃之夭夭。这种现象被称为自截，是蜥蜴逃避敌害的自我保护的一种习惯性的表现。

蜥蜴尾巴的自截切面可在其自身尾巴的任何一个地方发生，但断尾的地方并不是在两个尾椎骨之间的关节处，而发生于同一椎体中部的特殊软骨横隔处。这种特殊横隔构造在蜥蜴尾椎骨的骨化过程中形成，因尾部肌肉强烈收缩而断开。软骨横隔的细胞终生保持胚胎组织的特性，可以不断分化。所以，当尾巴断开之后又可自该处再生出一新的尾巴。再生尾中没有分节的尾椎骨，而只是一根连续的骨棱，鳞片的排列及构造也与原尾巴不同。有时候，尾巴并未完全断掉。于是，软骨横隔自伤处不断分化再生，产生另一只甚至两只尾巴，形成分叉尾的现象。我国的蜥蜴种类中壁虎科、蛇蜥科、蜥蜴科及石龙子科的蜥蜴，都具有尾巴自截与再生的能力。

▶ 知识窗 ◀

　　蜥蜴皮肤的变色能力很强，特别是避役类的蜥蜴以善于变色的功能获得"变色龙"的美称。我国的树蜥与龙蜥的种类中，大多数也具有变色能力，其中变色树蜥处于阳光照射的干燥地方时，会使全身颜色变浅而仅头颈部发红。当处于阴湿地方时，头颈部的红色就会逐渐消失，全身颜色逐渐变暗。蜥蜴的变色是一种非随意的生理行为变化。它与光照的强弱、温度的改变、动物本身的兴奋程度以及个体的健康状况等直接相关。

　　大多数蜥蜴都是可以发出声音的，壁虎类蜥蜴是一个例外。蜥蜴中不少种类都可以发出洪亮的声音，如蛤蚧的嘶鸣声可以清晰地传播到数米之外。壁虎的叫声并不是寻偶的表示，可能是一种为了警戒或是占有领域的信号表现方式。

 拓展思考

1. 蜥蜴的体型特征是什么？
2. 蜥蜴有什么生态习性？
3. 蜥蜴变色是怎么回事？
4. 蜥蜴发声是怎么回事？

生活在沙漠岩石中的动物

蝎 子

Xie Zi

◎外形特征

外形：蝎子的外形好似琵琶一样，全身表面都是硬皮。

体长：成蝎体长约 50～60 毫米，身体分节明显，由头、胸部及腹部组成。

颜色：体黄褐色，腹面及附肢颜色较淡，后腹部第五节的颜色较深。

※ 蝎子

◎生活习性

蝎子的生活习性可归纳为以下六点：

1. 蝎子是昼伏夜出的动物，喜潮怕湿，喜暗惧怕强光刺激。喜群居，好静不好动，并且有识窝和认群的习性，蝎子大多数在固定的窝穴内结伴定居。但若不是同窝蝎子，相遇后往往会相互残杀。等到了夏天晚上的时候，蝎子主要分布在石板的表面。

2. 蝎子习惯性冬眠，一般在 4 月中下旬，即惊蛰之后出蛰，11 月上旬便开始慢慢入蛰冬眠，全年活动时间一共有 6 个月左右。这种活动规律一般是在温暖无风、地面干燥的夜晚，而在有风天气则很少出来活动。

3. 蝎子虽是变温动物，但它们还是比较耐寒和耐热的。外界环境的温度在 40℃～－5℃，蝎子均能够生存。气温在 35℃～39℃，蝎子最为活跃，生长发育加快，是产仔和交配时节的最好时机。温度超过 41℃ 的时候，蝎体内的水分被蒸发，若此时既不及时降温，又不及时补充水分，则蝎子极易出现脱水而死亡。温度超过 43℃ 时，蝎子就会迅速死亡。

4. 蝎子的生长和繁殖与外界环境的湿度也有密切的关系。在自然界野生的蝎子，如果久旱无雨，就会钻到地下约 1 米深的湿润处躲藏和隐蔽起来；当阴雨天气的时候，地上有积水，它们会爬往高处躲避。因此，在养殖蝎子时要十分注意饲料的水分以及饲养场地和窝穴的湿度。一般来说，蝎子的活动场所要偏湿些，而它们栖息的窝穴则要求稍干燥些，这样的环境有利于蝎子的生长发育和繁殖。

5. 蝎子特别害怕强光的刺激，但它们也需要一定的光照度，以便吸收太阳的热量，提高其自身的消化能力，加快生长发育的速度，对强光有负趋势，但它们最喜欢在较弱的绿色光下活动。

6. 蝎子对各种强烈的气味，如油漆、汽油、煤油、沥青以及各种化学品、农药、化肥、生石灰等有强烈的回避性，可见它们的嗅觉十分灵敏，这些物质的刺激对蝎子的生存是十分不利的。

◎生长繁殖

蝎子有求偶的行为，东亚钳蝎雄性多在 6～7 月间寻找雌性，找到以后，用触肢拉着雌蝎到僻静的处所。然后，雄蝎触肢的钳夹着雌蝎的钳，两蝎头对头，拖来拖去。求偶行为可持续数小时，甚至数天。然后，雄蝎从生殖孔排出精荚粘于地上，把雌蝎拉过来，使精荚的游离端与雌孔相接触。游离端有一杠杆装置，因受雌体生殖区的压力而释出精块。雌蝎接纳精子后，可连续产仔 3～5 年。

蝎卵是胎生，卵胎生种类的卵大，为端黄卵，行不全卵裂，在卵巢管腔内发育。胎生种类的卵几乎无卵黄，行完全均等卵裂。南方链蝎的卵在卵巢的盲管内发育。胚胎在盲管的端部，此处再延伸出一管，其终端是一簇吸收细胞，紧靠着消化系统的盲囊，吸收养料顺管传送给胚胎，有点像哺乳动物的脐带。发育经历数月甚至 1 年多。幼蝎 6～90 个各不相同，因种类而异。幼蝎产出后立即爬上母背，脱一次皮后，陆续离开母蝎独立生活。东亚钳蝎约在 7～8 月间产仔。产仔前，母蝎寻找一合适的场所，两栉状器向左右展开，从生殖孔陆续产出。幼蝎外包白色黏液，米粒状。数分钟后，幼蝎的尾和附肢从黏液中伸展开，顺母蝎的附肢爬上母背。每胎产 15～35 只幼蝎。初产幼蝎长约 1 厘米，颜色是乳白色的，仅眼丘黑色；体和附肢上的齿、突起和爪都尚未长成；在母背上不吃任何食物。5 天后蜕皮成 2 龄蝎，体长达 1.5 厘米以上，仍生活于母背。约 1 周后脱离母体营独立生活。蝎子的成长一共经历 5 次蜕皮，到第三年才变为成蝎，但到第四年秋天才能繁殖。从出生到繁殖，约需 3 年时间，大致可以连续繁殖 5 年，其寿命达 8 年。

◎雌雄蝎子的区别

蝎子虽然有雌雄异体的差别，但由于蝎子没有外在的生殖器官，仅仅有一生殖厣，所以以单单从外形上来看，其雌雄很难区别，尤其是幼蝎用肉眼难以辨别，但只要从肤色、体形、动态以及某些器官的细微差别上加以仔细观察，仍然可以找到很多不同的特征。

成年雌蝎的特征是：前腹软而肥大，后腹细长，钳肢呈长椭圆形，体色褐红，较暗，性情较温顺，行动迟钝。栉状器较雄蝎短。

成年雄蝎的特征是：前腹细长，后腹粗壮有力，钳肢圆形，显得异常粗壮，栉状器较长，可覆盖两对肺气孔。体色青黄鲜亮，性情较粗暴。

▶知识窗

蚊子多在温暖多雨潮湿的季节大量繁殖，最适宜的温度是25℃～30℃。雌蚊产卵于水中，并在水中孵出幼虫，大约经过两周发育成蚊子。蚊子的嘴像注射器一样刺入人畜的皮肤吸取血液，有些病原体进入蚊子的体内并生长繁殖，而后再叮咬健康人，把带有病原体的血液也注入健康人的体内，从而实现了疾病的传播。蚊子能传播很多疾病，其中主要的有：登革热、疟疾、流行性乙型脑炎等。登革热是由登革热病毒引起，经蚊虫传播的传染病。以高热、皮疹、肌肉及骨关节剧烈酸痛、颜面及眼结膜充血、颈及上胸皮肤潮红、淋巴结肿大、白细胞减少等为主要特征。男女老幼均可得病。有些重症病人虽然治好了，但是由于脑组织坏死，还可能遗留一些后遗症，如智力低下、语言不清、手或脚瘫痪、经常抽风（癫痫）、精神不正常等。灭蚊是预防和控制急性传染病的一项根本措施。灭蚊主要是消灭孳生地，要清除室内外积水，填平洼地，疏通沟渠，翻坛倒罐，使蚊子无产卵之地。可使用1/500—1/1000的敌敌畏或稀释100—200倍的2.5%溴氰菊脂等杀虫剂喷洒室内外，使成蚊密度降至最低水平。使用杀虫剂喷洒室内后尚需注意通风，等室内闻不到异味时方可进入，以防药物对人体造成伤害。另外，还可用蚊帐、门窗纱防蚊，用蚊香、驱蚊器等驱蚊。

拓展思考

1. 蝎子的体型特征是什么？
2. 蝎子的生活习性是什么？
3. 雌雄蝎子各有什么特征？
4. 蝎子对人体有什么好处？

生活在沙漠岩石中的动物

猫头鹰
Mao Tou Ying

◎体态特征

脸部：猫头鹰眼睛周围的羽毛呈辐射状，细短的羽毛排列在脸盘上，像一只小猫的脸。

颜色：它们周身的羽毛大多为褐色，散缀细斑，稠密而松软，飞行时无声。猫头鹰的雌鸟体形一般较雄鸟为大。

嘴巴：它们宽大的头上有一张短短的嘴巴，先端钩曲的嘴巴侧扁而强壮，嘴基被有蜡膜，且多被硬羽所掩盖。

※ 猫头鹰

颈部：由于猫头鹰的颈椎结构极为特殊，所以它们的脖子转动起来相当灵活，能使脸转向后方270°方向。

耳部：它们的左、右耳不对称，左耳道明显比右耳道宽阔，且左耳有发达的耳鼓。大部分猫头鹰还有像人的耳廓一样的一簇耳羽，它们的听觉神经十分发达。

◎生活习性

猫头鹰属于夜行性动物，大部分时间栖息在树上、岩石间或草地上。它们喜欢昼伏夜出，白天隐藏在不易被人看见的树丛、岩穴或屋檐中，但也有部分白天也不安分的种类，如斑头鸺鹠、纵纹腹小鸮和雕鸮等都喜欢白天外出活动。假如有一天你在白天能看到一些飞行颠簸、如同醉酒的猫头鹰种类，那么它一定是惯于夜行的种类。

猫头鹰主要以鼠类为主要的食物，平时也吃一些昆虫、小鸟、蜥蜴、鱼等动物来丰富一下自己的食谱。它们都有吐"食丸"的习性，猫头鹰的素嗉具有极强的消化能力，食物常常一整个吞下去，并将食物中不能消化的骨骼、羽毛、毛发等残物渣滓集成块状，形成小团经食道和口腔吐出，被吐出的东西叫食丸，人们通常可以从猫头鹰吐出的食丸里了解到它的食性。

猫头鹰的主要优势是超低的声波频率，向它们的猎物发出闪电式的攻击。它们在判断出猎物方位之后，就会急速地出击，置猎物于死地。猫头鹰的羽毛非常柔软，翅膀羽毛上有天鹅绒般密生的羽绒，因而猫头鹰飞行时产生的声波频率小于 1 千赫，而一般哺乳动物的耳朵是感觉不到那么低的频率的。根据研究确定，猫头鹰的听觉起到对猎物的定位作用，它能根据猎物移动时产生的响动，不断调整扑击的方向，最后把猎物一举拿下。猫头鹰是色盲，因为它的视网膜中没有锥状细胞，无法辨认除了蓝色以外的其他色彩，不过它也是唯一能分辨蓝色的鸟类。除了某些过惯了夜生活的鸟类之外，其他的许多飞禽都是有色彩感的。例如在高空飞行的乌鸦，会通过颜色帮助它们判断距离和形状，如此一来，它们就能够抓住在空中飞的虫子，找到它们需要降落的地方，在树枝上轻轻地降落。鸟类的辨色能力也有利于它们寻找新的配偶。一般雄鸟都是用自己艳丽的羽毛来吸引异性同伴的。

◎分布范围

猫头鹰的分布极为广泛，猫头鹰的踪影会出现在除了北极地区以外的全球各地。在我国各地都能见到猫头鹰的身影，尤其是云南各地分布最为广泛。我国常见的猫头鹰种类有雕鸮、鸺鹠、长耳鸮和短耳鸮。

◎生长繁殖

猫头鹰的种类之间实行的是一夫一妻制，但也有个别种类是别具一格的，如鬼鸮的配对就是一夫多妻或者一妻多夫。猫头鹰的繁殖一般从 3 月开始，至 5 月～6 月结束，但也有的种类较早，1 月就已经开始繁殖。除个别种类之外，猫头鹰在繁殖过程中不营巢，而是利用树洞、岩穴或其他鸟类合适的弃巢孵卵育雏。猫头鹰一窝产卵的数量不能确定，体形较大者产卵较少，而体形较小的种类产卵通常较多，这种现象通常是不符合逻辑的。一般仅由雌鸟完成孵卵的工作，猫头鹰的小宝宝一般在一个月左右就会破壳而出，然后由雄雌共同承担育雏的任务。

猫头鹰的幼鸟均为完成雏，即刚孵化出来的小猫头鹰身体上已经长满了密密麻麻的羽毛，但是它们刚产生时会紧闭耳目。鸮类产卵、孵卵周期相对较长，在同一个巢内由于产卵时间和孵化时间的差异，雏鸟体形大小之间有明显的差异，个别种类如雪鸮在食物萧条的年景会出现较大雏鸟残食幼小雏鸟的现象，但这种现象并不普遍。除了少数种类的猫头鹰的寿命在 11 年左右，其他的野生猫头鹰寿命都不算太长，比如仓鸮的平均寿命仅在 3 年左右。

◎误解猫头鹰

猫头鹰在我国民间常被当做是"不祥之鸟"，还有的地方称它为逐魂鸟、报丧鸟等。还有流传下来的俗语如"夜猫子进宅，无事不来"、"不怕夜猫子叫，就怕夜猫子笑"等，古书中还把它称之为怪鸱、鬼车、魃魂或流离，泛指厄运和死亡。产生这些诋毁猫头鹰看法的原因可能是由于猫头鹰古怪的长相，炯炯发光的两眼又圆又大，给人以惊恐的感觉；直立的两耳，好像鬼故事里的双角妖怪，对于猫头鹰的凶残之貌，古人多用"鸱目虎吻"来形容；猫头鹰在黑夜中的叫声像鬼魂一样阴森凄凉，使人感觉到非常恐怖，古时称它为"恶声鸟"。《说苑·鸣枭东徙》中有"枭与鸠遇，曰：我将徙，西方皆恶我声……"的寓言故事。除此之外，人们对猫头鹰产生如此惊悚的联想，还因为它们总是昼伏夜出，常在黑夜中像幽灵一样悄无声息地飞来飞去。

知识窗

尽管人们对猫头鹰有诸多的误解，但是人们不得不肯定它们捕鼠的本领之大。古书上曾有这样的记载："北方枭入家以为怪，共恶之；南中昼夜飞鸣，与乌鹊无异。桂林人罗取生鬻之，家家养使捕鼠，以为胜狸。"鼠类中的黑线姬鼠、黑线仓鼠、大仓鼠、棕色田鼠等农田鼠类以及小家鼠、褐家鼠等居民区鼠都是猫头鹰的主食，它们有时也会吃一些小型鸟类、哺乳类和昆虫，如雀类、莺类、蝙蝠、甲虫、金龟子、蝗虫、蝼蛄等。鼠类是臭名昭著的偷粮贼，它们不仅在居民区和仓库里行窃，还成群结队在农田中偷粮。远在 2000 多年前的《诗经》中就有"硕鼠硕鼠，无伤我黍"的记载。一直到现在，世界各国的鼠害仍然十分严重。一只猫头鹰一年可以消灭 1000 多只老鼠，是捕鼠能力最强的鸟类。

拓展思考

1. 猫头鹰的体态特征是什么？
2. 猫头鹰有什么生态习性？
3. 猫头鹰分布在什么地方？

生活在沙漠岩石中的动物

◎基本简介

　　毛毛虫一般是指鳞翅目昆虫的幼虫，具有 3 对胸足，腹足和尾足大多是 5 对。

　　鳞翅目是昆虫纲中最常见的一目。其自身的色彩美丽，成虫体肢和翅满被鳞片和毛，故 2 对翅为鳞翅，且前翅大于后翅；虹吸式口器；触角丝状、双栉状、栉状、棍棒状等多型；复眼发达，单眼 2 个或无单眼。幼虫呈蠕虫状，具 3 对胸足，腹足和尾

※ 毛毛虫

足大多为 5 对。幼虫体上生有刚毛，对刚毛的排列和命名称毛序，在分类上有着重要的意义。全世界分布有 11. 2 万种，包括蛾类和蝶类。

◎破茧成蝶

　　破茧而出大约在一年中的春夏两季，3 月份～5 月份。

　　蝴蝶发育的最后阶段是成虫。成虫羽化之初，蛹壳于蛹翅之间，前中后三胸节的背中线以及头、胸两部分的连接线 3 处同时破裂。头部附肢及前足先行伸出，中足、后足和翅随即拽出。足攀着它物之后，体躯随即脱离蛹壳。柔软皱缩的翅片，会在 5～6 分钟的时间内迅速伸展开来。但这时的翅膜尚未干涸，翅身还很柔软，不能飞翔。必须再隔 1～2 小时，才能展翅飞向天空。

◎毛毛虫的糗事

　　法国的一个科学家曾经做过一个著名的"毛毛虫"实验：这些毛毛虫

有跟随的习惯，就是总会跟随前面的毛毛虫。他就把毛毛虫摆在花盆的边缘上，首尾相接在一起，围成一个圆圈，在花盆不远的地方放着毛毛虫喜欢吃的和玩的东西，但是毛毛虫一开始就只是跟随前面的爬，就这样一个接一个地爬，竟没有发现身边的美食。终于在几天过去后，因饥饿和劳累全部死去。

◎毛毛虫变蝴蝶

将一条蝶类的毛毛虫，放入玻璃瓶内，里面放些嫩枝和青草，瓶口用纱布盖住，紧紧扎住。你将看到的现象是：虫子拼命蚕食草叶。

等过一段时间之后，虫子会长得很肥，慢慢的身体表面变成绿色或棕色的硬壳，逐渐变成蛹，蛹不吃也动，但壳内在发生着剧烈的体态变化。

过了几天之后，蛹逐渐变成了成虫，蝴蝶就从裂开的蛹壳里出来。这时它的翅膀是折叠着的。如果将纱布取下来，把蝴蝶从瓶里放出，待它身子干燥后就会展翅飞舞，在鲜花丛中自由地游戏。

成虫完成产卵任务后便死去，卵经过发育又孵出毛毛虫。

蝴蝶的一生就是要经过卵、幼虫、蛹和成虫四个阶段。其中幼虫阶段对人类有害，要吃作物的叶子。但成虫蝴蝶或蛾大多数却能帮助植物传播花粉，对人类也是有益处的。

知识窗

自古以来，人们对蝉最感兴趣的莫过于是它的鸣声。它为诗人墨客们所歌颂，并以咏蝉声来抒发高洁的情怀，更有甚者是有的人还用小巧玲珑的笼装养着蝉来置于房中听其声，以得欢心。的确，从白花齐放的春天，到绿叶凋零的秋天，蝉一直不知疲倦地用轻快而舒畅的调子，不用任何中、西乐器伴奏，为人们高唱一曲又一曲轻快的蝉歌，为大自然增添了浓厚的情意，难怪乎人们称它为"昆虫音乐家""大自然的歌手"。

人们陶醉于蝉的鸣声，而却忘记了它的本性，你可知道，每当蝉落在树枝上引吭高歌，一面用它的尖细的口器刺入树皮吮吸树汁时，各种口渴的蚂蚁、苍蝇、甲虫等便闻声而至，都来吸吮树汁，蝉又飞到另一棵树上，再另开一口"泉眼"，继续为它们提供饮料，这样如果一棵树上被蝉插上十几个洞，树枝将流尽而枯萎死亡。可见蝉是树木的大害虫。

会鸣的蝉是雄蝉，它的发音器就在腹基部，像蒙上了一层鼓膜的大鼓，鼓膜受到振动而发出声音，由于鸣肌每秒能伸缩约 1 万次，盖板和鼓膜之间是空的，能起共鸣的作用，所以其鸣声特别响亮。并且能轮流利用各种不用的声调激昂高歌。雌蝉的乐器构造不完全，不能发声，所以它是"哑巴蝉"。

雄蝉每天唱个不停，是为了引诱雌蝉来交配的，雄蝉的叫声，雌蝉听来像一首美妙的乐曲，在交配受精后，雌蝉，就用像剑一样的产卵管在树枝上刺成一排小孔，把卵产在小孔里，几周之后雄蝉和雌蝉就死了。

| 拓展思考 |

1. 对毛毛虫做一个简述。
2. 毛毛虫是怎样变成蝴蝶的？

翼手龙
Yi Shou Long

◎外形特征

翼手龙是侏罗纪晚期的翼龙类，其特征为：

头部：由轻而紧密的骨组成的头骨轻巧；

骨骼：骨骼薄，中空；

指部：第一指特别伸长，用以支撑膜翼；

脂部：后肢短。翼手龙科的所有成员均短尾，头长。翼手龙中间一些种体型大小如麻雀；另外一些可大到像鹰一样，

翅膀：两翼开展可达 30～70 厘米，

◎生活环境

翼手龙的主食是昆虫，有些可能觅食鱼类。翼手龙整个群体是翼龙类中的亚目。在分类上并不属于真正的恐龙，但是，是恐龙的近亲。

◎生活习性

翼龙类是唯一发展呈具有强劲飞行能力的爬行动物，如鸟类一样展翅飞翔于天空，追逐和捕食猎物。

◎分类

翼手龙的种类非常多，比如无齿翼龙、风神翼龙等等，它们全部长有强劲的翅膀，体型一般比喙嘴龙类要大。

◎翼龙是怎么飞上天的

一些人认为翼手龙具有很大的翅膀，但是它们不能像鸟儿一样振动自己的翅膀，它们只能先爬到高处，迎风张开巨大的双翼，这样就可以借助上升的气流，使自己在空中自由地滑翔。然而，有些人认为，翼龙翅膀上的膜非常坚硬，而且翅膀的外侧有像框架一样的筋骨相连，所以它们能像

生活在沙漠岩石中的动物

鸟儿一样扇动翅膀。由于它们的翅膀非常大，稍稍拍动一下就可以获得巨大的反作用力，使自己飞起来。

关于龙的起源，在经历了长期的研究和考证后，人们终于取得了一个较为一致的共识：龙是多种动物的综合体，是原始社会形成的一种图腾崇拜的标志。在早期，古人对大多自然现象无法做出合理解释，于是便希望自己民族的图腾具备风雨雷电那样的力量，群山那样的雄姿，像鱼一样能在水中游弋，像鸟一样可以在天空飞翔。因此许多动物的特点都集中在龙身上，龙渐渐形成了"九不像"的样子，这种复合结构，意味着龙是万兽之首，万能之神。

▶知识窗

喜鹊是营建家室的一流建筑师，春天进入繁殖期，喜鹊把窝搭在高高大树的枝杈基部，窝是球形，一般有洗脸盆大，用许多细枝搭成。在我儿时，一次有一只小喜鹊被大风从窝里吹得跌落下来，我用书包装了它拷在肩上，爬到几丈高的大树梢头将小喜鹊送回了窝中。喜鹊窝顶上有防雨的盖子，半上部留着进出口，里面铺有干草、羽毛、碎布条及一些干黄柔软的苔藓，搞得十分精巧舒适。虽然我从未毁过卵和捉走过幼鸟，但我发现如果巢是刚建不久就被人动了，主人肯定会弃巢而去别处另建。喜鹊还有个习性，喜欢像鸡那样抖开翅羽躺在地上，这是引诱蚂蚁钻到它们身上，剔除寄生虫及清理病变表皮，鸟类学上称为蚁浴。

喜鹊属于留鸟。常年栖居在山区、平原的村庄及林缘地区，很少结成大群，多成对或3～4只一起活动在较为空旷的地方。2～3月份进入繁殖期，巢多建在高大的树杈上，用许多枯枝搭成，上面还搭有防止露雨的盖子，做工精巧，工程之大，令人赞赏。5～6月雏鸟问世，老鸟还要带领着"子女"，学会飞翔、寻食以及如何对付敌害等技能。8月前后，喜鹊经过了炎热的夏天和繁殖过程中的辛苦劳动，进入了换羽期，把残缺不全的春羽脱下来，换上一身柔软多绒的冬装。就在这新旧羽毛交替的过程，它们的飞翔能力减弱了，活动不能像以前那样频繁了，范围也缩小了，这样可以避免或减少其他动物的伤害。因此，这时候我们能见到它们的机会也就少多了。

|拓展思考|

1. 翼手龙的体型特征是什么？

2. 翼手龙有什么生态习性？

3. 简述一下翼手龙的繁殖情况。

蝌蚪
Ke Dou

◎形态特征

　　蝌蚪是青蛙和蟾蜍的水生幼体，如果与蝾螈幼体相比较，其自身的体短、卵形、尾宽、口小、无外鳃。内鳃被鳃盖覆盖着。青蛙的蝌蚪是体色较浅、身体略呈圆形、尾巴长、口长在头部前端的。蟾蜍的蝌蚪是身体呈黑色而尾巴较浅、体形呈椭圆形、尾巴短、口在头部前端腹面。蛤蟆的蝌蚪比青蛙的个头小。

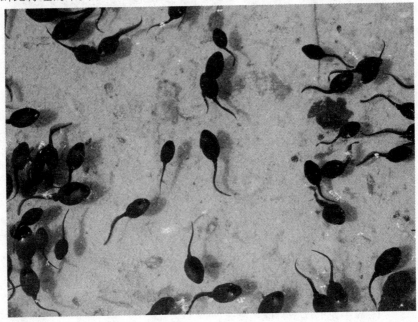

※ 蝌蚪

◎生活环境

　　刚出生的蝌蚪，身体弱小，对外界环境十分敏感，喜在细水长流，清新无污染的水域，水温保持在 20℃～29℃，pH 值 6～8 之间，蝌蚪不避光，生长在光线比较暗淡和幽静的地方。如果是人工养殖，应避免阳光直射，要勤换水，实时调整水的深度，控制好水的温度，尽可能保持水池的清洁。

◎生活习性

蝌蚪中的大部分是用口部成列的角质齿刮食藻类为生的，但如果水中正好有些蚯蚓、甲虫等小动物尸体，它们也会成群啃食。有些种类的蝌蚪没有角质齿，例如小雨蛙、黑蒙西氏小雨蛙，则以过滤水中浮游生物为食。此外，艾氏树蛙蝌蚪属于卵食性，母蛙会定期回来产卵喂食蝌蚪。而在食物不够的情况下，也会出现大蝌蚪吃小蝌蚪的自相残杀的现象。如果是自己喂养，那么就给它们吃面包屑。如果是池塘里自然的，一般都是吃水中的浮游生物。这些浮游动物主要包括蚊子的幼虫、浮游生物和鱼虫等等。

◎生长繁殖

蝌蚪是两栖类个体发育的一个初级阶段，早期的小蝌蚪，体型是圆形或椭圆形，外形似鱼，具有一副侧线的器官。由于口内尚未出现孔道，不能摄取食物；之后眼与鼻孔相继出现；头下有吸盘，可用来吸附在水草上。头两侧具有外鳃，两腮起的作用主要是进行呼吸。

蝌蚪的尾大而扁，内部有分节尾肌，肌节的上下方有薄膜状的尾鳍，能帮助蝌蚪在水中自由地游泳。

等到嘴巴出现之后，以唇部的角质齿刮吃藻类，开始在水中独立生活。当吸盘消失之后，外鳃也萎缩；随着咽部皮肤褶与体壁的愈合而形成鳃盖，并在体表的左侧，或在腹面中部或后方保留 1 个出水孔，由鳃腔内的内鳃进行呼吸，随着肺的发生也能在水面上呼吸游离的氧。

等发育到一定的阶段，有的先长出后肢，末端分化出 5 趾，再从鳃盖部位长出前肢，如蛙。

有的先长出前肢，再长出后肢，如蝾螈。随着尾部逐渐萎缩，口部也有显著的改变，逐渐发育成能在陆地上生活的幼小成体。

有尾目中的鳗螈等终生有鳃，营水生活。蝌蚪经变态而发育为成体的过程，称这一过程为变态发育。

生活在沙漠岩石中的动物

▶ 知 识 窗 ....

　　据科学家测定，啄木鸟在啄食时，头部摆动速度相当于每小时 2092 千米，比时速 55 千克的汽车快 37 倍。它啄木的频率达到每秒 15～16 次。由于啄食的速度快，因此啄木鸟在啄木时头部所受冲击力等于所受重力的 1000 倍，相当于太空人乘火箭起飞所受压力的 250 倍。啄木鸟啄木时所承受的冲力这样大，那它为什么不会患脑震荡呢？

　　原来，啄木鸟的头骨十分坚固，其大脑周围有一层绵状骨骼，内含液体，对外力能起缓冲和消震作用，它的脑壳周围还长满了具有减震作用的肌肉，能把啄尖和头部始终保持在一条直线上，使其在啄木时头部严格地进行直线运动。假如啄木鸟在啄木时头稍微一歪，这个旋转动作加上啄木的冲击力，就会把它的脑子震坏。正因为啄木鸟的啄尖和头部始终保持在一条直线上，因此，尽管它每天啄木不止，多达 102 万次，也能常年承受得起强大的震动力。

┌─────────── 拓展思考 ───────────┐

　1. 蝌蚪的体型特征是什么？

　2. 蝌蚪是在什么环境下生活的？

　3. 简单说一下蝌蚪的繁殖情况。

蛤 蜊

Ha Li

◎身体特征

体态：壳卵圆形。

颜色：整个身体呈现淡褐色，边缘是紫色。

蛤蜊由 2 片贝壳组成，坚厚，略呈四角形。壳长 36～48 毫米，高 34～46 毫米，宽度约高的 4/5。两个贝壳的大小相等。壳顶尖，略向前屈，位于贝壳背缘中部稍向前端。壳面中部膨胀，向前、后及近腹缘急剧收缩，致前、后缘形成肋状，小月面和楯面心脏形。壳面生长纹明显粗大，形成凹凸不平的同心环纹。贝壳具有壳皮，顶部白色或淡紫色，近腹面的颜色为黄褐色，腹面边缘常有一极狭的黑色环带。贝壳的内面是灰白色。

◎生活环境

蛤蜊一般生活在浅海底，有花蛤、文蛤和西施舌等诸多品种。

◎营养价值

蛤蜊的肉质非常鲜美，被称为"天下第一鲜""百味之冠"，而且它的营养也比较全面，蛤蜊中含有丰富的蛋白质、脂肪、碳水化合物、铁、钙、磷、碘、维生素、氨基酸和牛磺酸等多种成分，低热能、高蛋白、少脂肪，能防治中老年人慢性病，实属物美价廉的海产品。

◎分布范围

蛤蜊科动物四角蛤蜊或其他各种蛤蜊的肉，主要分布在我国沿海一带。

◎功效作用

蛤蜊肉以及贝类软体动物中都含有一种具有降低血清胆固醇作用的代尔太 7—胆固醇和 24—亚甲基胆固醇，它们兼有抑制胆固醇在肝脏合成和加速排泄胆固醇的独特作用，从而使体内胆固醇下降。人们在食用蛤蜊和贝类食物后，常有一种清爽宜人的感觉，这对解除一些烦恼症状无疑是有益的。中医研究认为，蛤蜊肉有滋阴明目、软坚、化痰之功效，有的贝类还有益精润脏的作用。蛤蜊的功效比常用的降胆固醇的药物——谷固醇更强。

▶知识窗

　　蛤蜊味咸寒，具有滋阴润燥、利尿消肿、软坚散结作用。《本草经疏》中记载说："蛤蜊其性滋润而助津液，故能润五脏、止消渴，开胃也。咸能入血软坚，故主妇人血块及老癖为寒热也。"现在除这种传统用法外，还对蛤蜊组织进行化学提取，提取物称为蛤素。动物实验证明，蛤蜊对小鼠的肉瘤和腹水瘤都有抑制和缓解作用。

　　现代医学认为，蛤蜊肉炖熟食用，一日三次可治糖尿病；蛤蜊肉和韭菜经常食用，可治疗阴虚所致的口渴、干咳、心烦、手足心热等症。常食蛤蜊对甲状腺肿大、黄疸、小便不畅、腹胀等症也有疗效。

|拓展思考|

1. 蛤蜊的体型特征是什么？
2. 蛤蜊的营养价值是什么？
3. 蛤蜊有什么功效？
4. 蛤蜊是什么颜色的？

生活在沙漠岩石中的动物

寄居蟹

Ji Ju Xie

◎分布范围

　　寄居蟹主要分布在黄海及南方海域的海岸边缘，一般生活在沙滩和海边的岩石缝隙里。寄居蟹以螺壳为寄体，平时负壳爬行，受到惊吓会立即将身体缩入螺壳内。随着蟹体逐渐长大，寄居蟹会寻找新的壳体换壳，已知的寄居蟹品种有几十种，在中国沿海较常见的品种有方腕寄居蟹和栉螯寄居蟹。

※ 寄居蟹

◎形态特征

　　寄居蟹的种类有很多，方腕寄居蟹比栉螯寄居蟹体形稍大，寄居的螺体最大直径可达 15 厘米以上。

◎分类

　　陆寄居蟹各品种的栖息环境各有不同，以栖息环境来说大致可以分成以下三类：

1. 寄居蟹栖息于海岸附近，对海水的依赖度高的品种——橙红陆、深紫陆、厄瓜多尔产；

2. 进出于内陆地方，基本上是只依靠淡水来生活的品种——凹足陆、短腕陆、西伯利斯；

3. 属于两者之间的品种——灰白陆、紫陆。

·不要生吃螃蟹·

研究发现，活蟹体内的肺吸虫幼虫囊蚴感染率和感染度是很高的，肺吸虫寄生在肺里，刺激或破坏肺组织，能引起咳嗽，甚至咯血，如果侵入脑部，则会引起瘫痪。据专家考察，把螃蟹稍加热后就吃，肺吸虫感染率为20%，吃腌蟹和醉蟹，肺吸虫感染率高达55%，而生吃蟹，表现出肠道发炎、水肿及充血等症状。螃蟹是人们非常熟悉的一种动物，它们的身影遍布河流、海洋和沙滩。螃蟹长着一对非常特殊的眼睛，名叫柄眼。柄眼的基部有活动关节，因此眼睛可以上下伸缩，伸出来时，犹如两个望哨。螃蟹最厉害的防身武器是一对大螯。在求偶季节，这对大螯也用以招引异性。螃蟹在离开水后，会吸进大量空气。它吸进的空气愈多，鳃和空气接触的面积就愈大，鳃里储备的水分和空气由口器两边吐出来，成为泡沫。

拓展思考

1. 寄居蟹的最大直径是多少？

2. 寄居蟹分布在什么地方？

3. 在我国沿海常见的寄居蟹有哪几种？

4. 寄居蟹可分为哪几类？

皱纹寄居蟹

Zhou Wen Ji Ju Xie

◎分布范围

皱纹寄居蟹的原产地是非洲东岸至南太平洋诸国，一般栖息在海岸边的岩石上面。

◎体型特征

身高：全长为 6～11 厘米。

肢部：皱纹寄居蟹的螯肢和步肢都显得比较修长，两只螯肢的大小差别很小。

颜色：它们的体色变化与凹足寄居蟹比起来更明显。

◎生活习性

一般生活在 23℃～28℃之间。

※ 皱纹寄居蟹

◎生活环境

皱纹寄居蟹不但活泼大胆，也比较喜欢攀爬，很能够接受饲主的拿取，也很喜欢换新壳。整体来说，皱纹寄居蟹似乎显现出比较高的智商。因此，在饲养上的乐趣会比较高。皱纹寄居蟹也是典型的夜型性蟹类，通常在夜间进食，所以喂食的时间以傍晚比较适合。它们也适于群养或混养，由于它们喜欢攀爬，可以布置一些岩块或沉木让它们爬高。

▶ **知 识 窗** ··

历史上记载过不少蝴蝶的迁移飞行，据威廉斯 1930 年统计已达 1273 次。在世界上已知有 214 种蝴蝶有迁移飞行的习性。

蝴蝶迁飞的群体有大有小，数量多时高达千百万。迁飞的种群组成，有单一的，也有混杂的。迁飞的距离，有短有长，距离短的，仅在地小范围内迁飞；距离远的，常常飞越洲或者横渡重洋，如威氏在 1935 年报告一则奇闻时说，褐脉棕斑蝶从墨西哥远距离飞迁到加拿大及阿拉斯加，共飞行了 4000 千米。

近年来报上也多次报道有关蝴蝶迁飞的现象，最近一次为 1988 年 8 月 2 日《解放日报》刊登了蝴蝶迁飞的报道："甘肃榆中县兴隆山风景区 7 月 19 日至 21 日连续 3 次出现"蝶雪"现象。据当地目击者说，三次"蝶雪"都出现在上午 10 时至下午 1 时间，漫天飞雪般的蝴蝶铺天盖地，由兴隆山向马衔山飞去。蝴蝶呈黄白色间有黑色斑点。最大的一群出现在 19 日上午 10 时，近百米宽的兴隆峡被蝶群充斥，蝶阵前后长约 5 千米，浩浩荡荡过了近 3 小时，有人用草帽一下就扣住几十只。"

遗憾的是在我国蝶类迁飞史中，从没有抓到过一只迁飞中的蝴蝶实物标本，因此难以作出具有科学价值的报道。笔者在此寄望全国的蝶类爱好者，今后如果遇到此种现象，一定要跟踪摄像，并且捕捉到参与飞迁的蝴蝶标本，才能填补我国蝶类迁飞史上的这一空白。

‖ **拓展思考** ‖

1. 皱纹寄居蟹生活的温度是多少？
2. 皱纹寄居蟹什么时间最常见？
3. 为什么说皱纹寄居蟹是典型的夜行性蟹类？

瓢 虫
Piao Chong

◎外形特征

瓢虫的身体体型呈半个圆球状，一般长度为 5～10 毫米。瓢虫的足短，颜色非常鲜艳。九星瓢虫的图案是在橘红鞘翅上各有 4 个黑斑点，以及各有半个斑点，这是典型的瓢虫颜色图案。

※ 瓢虫

◎生活环境

瓢虫的生活环境和其他野生动物一样，没有固定的场所，坚强地忍受各种恶劣的气候，有时它们会藏身于树叶之下，把树叶当作挡风遮雨的保护伞。对于昆虫来说，一滴雨水有非常重要的含义。如果它们想饮水的话，那么雨滴就相当于水池，一个看不见底的巨大水池。如果环境相对恶劣，雨滴就更显得其大无比，水滴表面的张力也可以使小昆虫像陷入沼泽地一样无法自拔。

◎幼虫的生活

瓢虫在幼虫时期的生活非常单调，几乎每天都在花草间游弋，疯狂地捕食蚜虫。瓢虫的生命相对来说比较短暂，从卵生长到成虫时期只需要大约一个月的时间，所以无论什么时候，我们都可以随处在花园里同时发现瓢虫的卵、幼虫和成虫。随着时间的推移，瓢虫的幼虫胃口越来越大，身体也在不断地增长，它们必须挣脱旧皮肤的束缚，开始了一段艰辛的历程——蜕皮。这个过程并不像我们脱掉旧衣服，再换一件大号外套那么简单。瓢虫的一生至少要经历 5 次～6 次的蜕皮过程，每次蜕皮都将是一次全新的体验，随着蜕皮次数的增多，它们的身体会逐渐增长，直到积蓄足够的能量步入虫蛹阶段。

瓢虫在化蛹时，会先为自己找一个比较安全的地方，然后悬挂着附在叶面下，开始经历惊心动魄的转变，它会从一个身体娇柔的幼虫变成体质强壮的成年瓢虫，这是一个令人难以想象的过程。幼虫的身体首先要被分解，然后重新组合和调整，再加以装扮修饰，这一切都是为了迎接一个崭新的生命。当它最后破蛹而出变为一只新的成年瓢虫时，还要经历一些新的转变。因为此时它的身体仍旧柔软娇嫩，尚未完全发育成熟。这时的瓢虫会让自己暴露在阳光下，吸取充足的养分，使体色慢慢加深，斑纹也逐渐显露出来，几个小时后，它就会变得和花园中其他成年瓢虫一模一样了。

◎分布范围

瓢虫是一种体色鲜艳的小型昆虫，多有红、黑或黄色斑点。全世界有超过 5000 种以上的瓢虫，其中 450 种以上栖息于北美洲。

▶知识窗

成年瓢虫会捕食一些肉质嫩软的昆虫，例如蚜虫，但只要是没有披戴盔甲和其他保护外套，而且身体柔软、体型小的昆虫，都有可能成为他们的美餐。猎物们不会自投罗网，瓢虫必须经常飞动去搜索目标。瓢虫看上去不大可能会飞，它的体型不像个飞行员，而更像个药箱。它有一个坚硬的外套，而它那套细小精致的翅膀会从外套下伸出，疯狂地舞动。不得不承认，瓢虫确实是一个技艺精湛的飞行家，也正是因为它们具有高超的飞行本领，所以才能在花园的各个角落里来去自如。

瓢虫通常会将卵产在蚜虫时常出没的地方，以确保自己的儿女出生后能获取最大的生存机率。卵被孵化后，新出生的幼虫就会把身边的蚜虫作为它们可口的小吃，幼虫的模样与它的父母区别很大，它们还没有装备上厚实的盔甲，身体非常柔软，成节状分布，但却长着些坚硬的鬃毛，可以起到保护作用。它们的下颚强壮有力，形状就像一把钳子，能够轻易地洞穿蚜虫的身体。瓢虫幼虫在受到外界刺激时，会分泌出一种淡黄色液体，虽然无毒，但具有强烈的刺激性气味，借以驱散敌害。

| 拓展思考 |

1. 简单描述一下瓢虫的特征。
2. 瓢虫是怎样变化的？

生活在沙漠岩石中的动物

SHENGHUOZAISHAMOYANSHIZHONGDEDONGWU

草莓寄居蟹

Cao Mei Ji Ju Xie

◎分布范围

草莓寄居蟹主要产于印度洋至南太平洋诸国，常年栖息在海岸边的岩石上。草莓寄居蟹的分布区非常广阔，由印度洋的马达加斯加经过印度尼西亚一直延伸到澳洲以东南太平洋的萨摩亚。这个广大的区域也包括了南北回归线之间的热带海域。它们算是寄居蟹当中最美丽，也最容易分辨的种类，

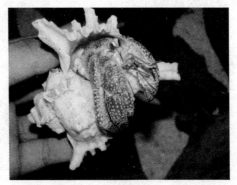

※ 草莓寄居蟹

◎体型特征

体长：全长 5～10 厘米。

颜色：草莓寄居蟹的整体颜色是鲜红色的，并且散布着白色斑点，几乎就是草莓的化身，所以国外称之为草莓寄居蟹。

◎生活习性

适温：21℃～27℃之间。

◎生活环境

虽然陆寄居蟹可以在陆地上和岩石中生活，但是它们与大海的脐带从未切断，因为在它们成长的生命周期中有一部分是必须在海中完成的，也就是由产卵到孵化再到幼体的阶段。所以，草莓寄居蟹的一生都不会也无法远离海岸生活。在饲养的时候，必须同时提供淡水和海水让它们饮用。

如果是人工环境，以取得方便的珊瑚细沙或碎珊瑚最适合，用枯树皮

搭出居所，再放上一浅盘淡水和一浅盘海水就完成基本布置。海水可以用海水鱼店都有出售的人工海水素自己调制。

　　自古以来，人们对蝉最感兴趣的莫过于是它的鸣声。它为诗人墨客们所歌颂，并以咏蝉声来抒发高洁的情怀，更有甚者是有的人还用小巧玲珑的笼装养着蝉来置于房中听其声，以得欢心。的确，从白花齐放的春天，到绿叶凋零的秋天，蝉一直不知疲倦地用轻快而舒畅的调子，不用任何中、西乐器伴奏，为人们高唱一曲又一曲轻快的蝉歌，为大自然增添了浓厚的情意，难怪乎人们称它为"昆虫音乐家""大自然的歌手"。

　　人们陶醉于蝉的鸣声，而却忘记了它的本性，你可知道，每当蝉落在树枝上引吭高歌，一面用它的尖细的口器刺入树皮吮吸树汁时，各种口渴的蚂蚁、苍蝇、甲虫等便闻声而至，都来吸吮树汁，蝉又飞到另一棵树上，再另开一口"泉眼"，继续为它们提供饮料，这样如果一棵树上被蝉插上十几个洞，树枝将流尽而枯萎死亡。可见蝉是树木的大害虫。

　　会鸣的蝉是雄蝉，它的发音器就在腹基部，像蒙上了一层鼓膜的大鼓，鼓膜受到振动而发出声音，由于鸣肌每秒能伸缩约 1 万次，盖板和鼓膜之间是空的，能起共鸣的作用，所以其鸣声特别响亮。并且能轮流利用各种不用的声调激昂高歌。雌蝉的乐器构造不完全，不能发声，所以它是"哑巴蝉"。

 拓展思考

1. 草莓寄居蟹的名称是怎么得来的？
2. 草莓寄居蟹的生活环境是什么？
3. 草莓寄居蟹一般生活在什么地方？

生活在沙漠岩石中的动物

凹足寄居蟹

Ao Zu Ji Ju Xie

◎分布范围

凹足寄居蟹的原产地是非洲东岸至琉球群岛，它常年栖息在海岸区。

◎体型特征

体长：全长 5～10 厘米。

颜色：凹足寄居蟹的体色有多种变化，由暗红色到灰褐色或是多色混合都有，但是它们的触须通常都是红色的。

眼部：眼柄具有轻微的弯曲，这正是凹足寄居蟹与其他寄居蟹的不同点。

◎生活习性

适温：21℃～27℃。

饲养凹足寄居蟹的人工环境与食物同短掌寄居蟹是一样的，也可以使用树皮屑做底材，淡水和海水都要随时供应。特别是刚买回家的时候要立刻提供海水供它们饮用，它们会浸泡在海水中长达几个小时。凹足寄居蟹也适于群养或混养，但是少数个体会有攻击性行为出现，只是通常不会造成严重的后果。

◎生活环境

凹足寄居蟹的个性比较害羞，也是典型的夜型性，所以经常躲入底材中，等到夜晚的时候才出来觅食活动。

台湾的本土种包括凹足寄居蟹，南部海边也很常见，通常都成群散布在沿岸区域。捡贝壳的时候不妨仔细看看，说不定里面就住着一只美丽的凹足寄居蟹。

▶知 识 窗

　　朱鹮生活在温带山地森林和丘陵地带，大多邻近水稻田、河滩、池塘、溪流和沼泽等湿地环境。性情孤僻而沉静，胆怯怕人，平时成对或小群活动。朱鹮对生境的条件要求较高，只喜欢在具有高大树木可供栖息和筑巢，附近有水田、沼泽可供觅食，天敌又相对较少的幽静的环境中生活。晚上在大树上过夜，白天则到没有施用过化肥、农药的稻田、泥地或土地上，以及清洁的溪流等环境中去觅食。主要食物有鲫鱼、泥鳅、黄鳝等鱼类，蛙、蝌蚪、蟾蜍等两栖类，蟹、虾等甲壳类，贝类、田螺、蜗牛等软体动物，蚯蚓等环节动物，蟋蟀、蝼蛄、蝗虫、甲虫、水生昆虫及昆虫的幼虫等，有时还吃一些芹菜、稻米、小豆、谷类、草籽、嫩叶等植物性的食物。它们在浅水或泥地上觅食的时候，常常将长而弯曲的嘴不断插入泥土和水中去探索，一旦发现食物，立即啄而食之。休息时，把长嘴插入背上的羽毛中，任凭头上的羽冠在微风中飘动，非常潇洒动人。飞行时头向前伸，脚向后伸，鼓翼缓慢而有力。在地上行走时，步履轻盈、迟缓，显得闲雅而矜持。它们的鸣叫声很像乌鸦，除了起飞时偶尔鸣叫外，平时很少鸣叫。

| 拓展思考 |

1. 凹足寄居蟹生活的温度是多少？

2. 凹足寄居蟹在什么地方最常见？

3. 凹足寄居蟹个性特点是什么？

生活在沙漠岩石中的动物

紫陆寄居蟹

Zi Lu Ji Ju Xie

◎分布范围

紫陆寄居蟹的原产地是日本，它是日本独有的品种。主要产于小笠原岛和鹿儿岛以南地方，栖息的环境也是在海岸区。

◎体型特征

体色：紫陆寄居蟹的颜色主要有紫蓝色、紫色和蓝色。年幼时，紫陆寄居蟹是奶白色的，但随着年龄的成长，紫色的部分会渐渐增加，最后身体完全变成紫色。

除了体色之外，紫陆寄居蟹和灰白陆寄居蟹有十分相似的地方。螯脚、胸足的关节明显呈黄褐色。左螯背侧排列斜行颗粒，会发出"吱吱"声。

眼部：眼睛呈四角形。

▶知识窗

燕子是人类的益鸟。当秋风萧瑟、树叶飘零时，燕子成群地向南方飞去，到了第二年春暖花开、柳枝发芽的时候，它们又飞回原来生活过的地方。

"年年此时燕归来"。早在几千年前，人们就知道燕子秋去春回的飞迁规律。相传春秋时代，吴王宫中的宫女为了探求燕子迁徙的规律，曾将一只燕子的脚爪剪去，看它是否在第二年仍旧飞回原地。无独有偶，晋代有个叫傅咸的，亦用此法观测，结果这只缺爪的燕子在次年春天又飞回来。燕子一般在夜里飞迁，尤其是在风清月朗时飞得很快很高，白天则在地面休息觅食。在农业生产中，燕子的飞迁规律还被作为一种农事活动的物候。

|拓展思考|

1. 紫陆寄居蟹栖息的环境在什么地方？
2. 紫陆寄居蟹的眼睛呈什么形？
3. 紫陆寄居蟹的体色是什么颜色的？

短掌寄居蟹

Duan Zhang Ji Ju Xie

◎分布范围

短掌寄居蟹的原产地是在印度洋至南太平洋诸国，栖息的地方也是海岸区。

◎身态特征

体长：全长 5～10 厘米。

肢部：具有一支特大的紫色左螯肢。

眼部：圆形的眼睛加上深色的触须，使它们很容易与其他的台湾寄居蟹区分出来。

※ 短掌寄居蟹

◎生活习性

短掌寄居蟹适合生存的温度是 21℃～27℃。

◎生长繁殖

短掌寄居蟹具有独特的繁殖模式，使得短掌寄居蟹在人工环境中不太可能进行繁殖。雌雄寄居蟹最大的分别是雄性生殖孔开口于第五对胸足的腰节，而雌性生殖孔则位在第四对胸足。交配时，雄性会将精囊存于雌性身上，雌性在产卵时会顺便让卵受精，每次产卵数万颗。雌蟹会用泳肢将受精卵抱在腹部孵育一段时间之后会将卵带到岸边排放，让卵随波浪进入海中孵化为浮游生物，在海中经过多次蜕皮后进化为幼蟹才会上岸，找到贝壳栖身之后就在陆地上定居开始陆栖生活。

生活在沙漠岩石中的动物

◎食物特性

短掌寄居蟹属于食腐性动物，几乎任何能吃的东西它们都能接受。任何饲料、蔬果、米饭和死鱼虾对于短掌寄居蟹都是来者不拒。

▶ 知 识 窗

自古以来，人们乐于让燕子在自己的房屋中筑巢，生儿育女，并引以为吉祥、有福的事。尽管燕子窝下面的地上常被弄得很脏，人们也不在意。燕子是季节性很强的候鸟，人们称它"报春归来的春燕""翩然归来的报春燕"等。只要见到燕子，似乎就是提醒人们：春天来了！古人曾有："莺啼燕语报新年"之佳句。人们总是把燕子跟春天联系起来。

燕子，有楼燕、白腰雨燕、家燕、岩燕、灰沙燕、金腰燕和毛脚燕等种类。不同的燕子有不同的生活习性。同是燕子，雨燕的燕子属攀禽，家燕和金腰燕的燕子属鸣禽。不同种类的燕子形态也不一样。楼燕体形稍大，飞得高，飞行速度快，全身黑色，发金属光泽，鸣声十分响亮，它喜欢在亭台楼阁古建筑的高屋檐下为巢；家燕体型较小，上身为发金属光辉的黑色，头部栗色，腹部白或淡粉红色，飞的较低，鸣声较小，多以居民的室内房梁上和墙角巢穴，最喜接近人类。

| 拓展思考 |

1. 短掌寄居蟹分布在什么地方？
2. 短掌寄居蟹最大的特点是什么？
3. 短掌寄居蟹属于什么动物？

火蜥蜴

Huo Xi Yi

◎身态特性

火蜥蜴是自然界中最奇特的动物，它们不仅能够再生被切除的四肢、受损的肺脏和重伤的脊椎神经，甚至可以再生受损的大脑。

◎生活习性

火蜥蜴是一种小小的、亮白色的、能够喷火的蜥蜴，火蜥蜴主要以火焰为主食。它的颜色根据它喷出的火焰温度的不同呈现出红色或者蓝色。火蜥蜴的血是一种有助于治疗和复原的药剂。

根据蜥蜴的这种重生功能，科学家得出了科学原理，用于截肢和重度烧伤等外科损伤的治疗技术将被提升，随着社会技术的提高，未来将可能真正做到创伤后的无疤痕治疗。也许有朝一日，部分人体损伤肢体再造，甚至全部断肢重生的美梦，都有可能成为现实。

◎特备功能

火元素的代表是火蜥蜴，它可以耐高热，会吐火，甚至可以生活在岩浆中。火蜥蜴的身体上有五彩的斑纹，自身温度比较低，不但不怕火，还可以灭火，而且懂得用火去攻击对手。火蜥蜴的体液中含有剧毒，人如果食用了火蜥蜴爬过的果实会马上中毒身亡。

还有一种会游泳的火蜥蜴是极度濒危的物种，它们只分布在墨西哥城南面一片很小的地区里。

◎考古发现

在"火蜥蜴"化石的边缘可以清晰地看到巨大的牙齿。

科学研究表示，一种与远古巨型火蜥蜴一样的两栖动物体长 4.5 米，它拥有又长又宽扁的大脑和特别强大且锋利的牙齿，可以将猎物直接咬碎。此南极动物被命名为"Kryostega collinsoni"，它是从一块距今 2.4

亿年的南极化石中发现的。它是三叠纪中期生活在南极的最大的陆地动物，当时的南极是一片绿茵之地，更适宜居住。

从外表和生活方式来看，此动物类似于现代的鳄鱼，然而它不是鳄鱼，因为它是两栖动物而不是爬行动物。

美国华盛顿大学的古生物学家瑞斯坦·西多尔曾经说过："你或许会将它认做娃娃鱼。"相对其他两栖动物而言，它的牙齿特别凶暴。

此南极动物属于离椎亚目，这类动物上腭都长有微小的牙齿，但新发现的这一动物具有不同寻常的上腭牙齿：其中一些牙齿特别大，甚至大过其嘴边的正常牙齿。经过科学测量，其嘴边的正常牙齿大约有 3 厘米高，粗细和成年人小手指差不多。而一些上腭牙齿高达 4 厘米。

在 Kryostega 生活的年代里，所有的陆地连在一起成为一个超级大陆——"盘古大陆"，这块大陆位于南极洲更北的地方，且与南非、南美洲和澳洲相连。当时此超级大陆比南极更加温暖，布满了大型的河流和原始森林。恐龙那时候还没有出现，但恐龙的祖先类恐龙已经在地球上漫步了，一同漫步的还有其他爬行动物和像爬行动物的哺乳动物祖先。

这种化石的发现地靠近现今的南非卡鲁盆地，这里是地球上存放化石最多的地方之一。西多尔表示："在三叠纪早期，即 Kryostega 动物出世之前，南极洲和南非可能生活有大量的动植物。虽然当时的南极比其他地方冷一些，但比现在要温暖得多。这是一个还没有了解的重要时期。到三叠纪中期，可能有一半的物种生活在南极洲和南非。"

这种化石的动物包括嘴巴和鼻孔，这样有助于科学家评定此动物的特征。科学估计此头骨大约长 84 厘米，最宽处有 61 厘米，比鳄鱼的脑袋还要扁。西多尔表示 Kryostega 是南极的顶级食肉动物。"我们认为它是水生动物，因此它可能呆在水边吃鱼和其他两栖动物。然而，它像鳄鱼一样，如果有陆地动物迷路来到了河边，我想它一定会逮住它们。"

科学家将此新动物以美国俄亥俄州地球科学退休教授詹姆士·柯林斯命名，因为柯林斯在研究南极地质方面做出了重大贡献。

法国国家自然历史博物馆两栖动物专家塞巴斯蒂安没有参与此项研究，他表示此发现非常罕见和重要，因为它揭开了为人所不知的南极远古生命的历史。同期生活在南极的动物，只知道还有一二种大型两栖动物。

蜥蜴与蛇的区别是：

1. 蜥蜴下颌骨的左右两半以骨缝结合，不能活动，口不能张大。蛇的下颌骨左右两半以韧带相连，彼此间可拉开，这是蛇的口可以张得很大的原因之一。

2. 蜥蜴一般具有四肢，即使四肢都退化无存的种类，其体内必有前肢带的残余。蛇一般不具四肢，即使有后肢残余的种类，其体内也绝没有前肢带的残余。

3. 蜥蜴多具有活动的上眼睑和下眼睑，眼睛可以自由启闭。蛇的上下眼睑愈合为一透明的薄膜，罩在眼睛外面，看起来，蛇眼永远是睁开的。

4. 蜥蜴多数种类的舌头都较宽大肥厚。蛇的舌头都很细长，前端分叉很深，基部位于鞘内，常通过口前端的缺口处时伸时缩，借以搜集外界的"气味"分子，送入锄鼻器产生嗅觉。

5. 蜥蜴一般都有外耳孔，即使没有，也可从外表看出鼓膜的所在。蛇没有外耳也没有鼓膜，所以外表上看不出听觉器官的痕迹。

6. 蜥蜴的尾巴都较长，一般约等于头体长，或为头体长的2～3倍。蛇的尾巴相对较短，为体长的1/2到1/4。

拓展思考

1. 火蜥蜴有哪些价值？
2. 火蜥蜴是什么的代表？
3. 火蜥蜴与普通蜥蜴有哪些不同之处？

熊猫

Xiong Mao

◎基本介绍

大熊猫是我们国家的"国宝"，它身上有黑白相间的毛色，憨态可掬，活泼动人。关于大熊猫的种属，一直以来都是争论的问题。根据 DNA 分析表明，现在国际上普遍接受将它列为熊科、大熊猫亚科的分类方法，目前也逐步得到国内的认可。国内传统分类将大熊猫单列为大熊猫科。它代表了熊科的早期分支。

※ 熊猫

成年熊猫长约 120～190 厘米，体重为 85～125 千克。大熊猫与熊科其他动物的区别之处在于：它拥有大而平的臼齿，一根腕骨已经发育成了"伪拇指"，这都是为了适应以竹子为食的生活。大熊猫和太阳熊都没有冬眠行为。

◎物种历史

大熊猫的祖先最早出现在 2～3 百万年前的洪积纪早期。后来经过时间的迁徙，同期的动物相继灭绝了，大熊猫却孑遗至今，并保持原有的古老特征。所以，有很多科学价值，因而被誉为"活化石"，中国把它誉为"国宝"。如今大熊猫分布范围已十分狭窄，仅限于中国的秦岭南坡、岷山、邛崃山、大小兴安岭和凉山局部地区。大熊猫栖息地的巨大变化近代才发生。近几百年来，中国人口激增和占用土地，很多栖息地消失了。大熊猫之前栖息的低山河谷现在已经成了居民居住的地方，所以它们只能生活在竹子可以生长的海拔 1200～3400 米之间。

◎外形特征

大熊猫的体态肥大，头圆尾短。头部和身体上的毛色绝大多数为黑白相间，即鼻吻端、眼圈、两耳、四肢及肩胛部为黑色，其余即头颈部、躯干和尾为白色。腹部淡棕色或灰黑色。其体长 120～180 厘米；尾长 10～20 厘米；肩高一般为 65～70 厘米；体重 60～125 千克。前掌除了 5 个带爪的趾外，还有一个第六趾。背部毛粗而致密，腹部毛细而长。现如今已知大熊猫的毛色共有三种：白色、黑白色和棕白色。栖息在陕西秦岭的大熊猫因头部更圆而更像猫，被誉为国宝中的"美人"。

◎生活环境

大熊猫主要生活在长江上游的高山深谷里，那里的气候温凉潮湿，其湿度常在 80％以上，故熊猫是一种喜湿性的动物。它们活动的区域多在坳沟、山腹洼地和河谷阶地等，温度一般在 20°以下的缓坡地形。这些地方通常土质肥厚，森林茂盛，箭竹生长良好，构成为一个气温相对较为稳定、隐蔽条件良好、食物资源和水源都很丰富的优良食物基地。

◎生活习性

大熊猫除了在发情期外，其他的生活时间多独栖生活，昼夜兼行。巢域面积为 3.9～6.4 平方千米不定，个体之间巢域有重叠现象，雄体的巢域比雌体要大一些。雌体大多数时间仅活动于 30～40 公顷的巢域内，雌体间的巢域不重叠。大熊猫的食物主要是高山上的竹类，偶尔也食用其他植物，甚至食用动物的尸体，日食量很大，每天还到泉水或溪流边饮水。

▶ 知 识 窗

鸟是人类的朋友，鹦鹉以其美丽无比的羽毛，善学人语技能的特点，更为人们所欣赏和钟爱。这些属于鹦形目、鹦鹉科的飞禽，分布在温、亚热、热带的广大地域。

鹦鹉大多色彩绚丽，音域高亢，那独具特色的钩喙使人们很容易识别这些美丽的鸟儿。它们一般以配偶和家族形成小群，栖息在林中树枝上，自筑巢或以树洞为巢，食浆果、坚果、种子、花蜜。除了具有其他鹦鹉的食性外还喜食昆虫、螃蟹、腐肉。甚至跳到绵羊背上用坚硬的长喙啄食羊肉，弄得活羊鲜血淋淋，所以当地的新西兰牧民也称其为啄羊鹦鹉。

生活在沙漠岩石中的动物

鹦鹉是典型的攀禽，对趾型足，两趾向前两趾向后，适合抓握，鹦鹉的嘴强劲有力，可以食用硬壳果。鹦鹉主要是热带，亚热带森林中羽色鲜艳的食果鸟类，在世界各地的热带地区都有分布。其中澳洲的虎皮鹦鹉和葵花凤头鹦鹉等是人们最熟悉的鹦鹉。新西兰的鸮鹦鹉是已经失去了飞翔能力大型鹦鹉，而新西兰的啄羊鹦鹉则进化出了一定的肉食倾向，啄羊鹦鹉也是分布最高的鹦鹉之一。

| 拓展思考 |

1. 简单介绍一下熊猫。
2. 熊猫为什么被誉为"国宝"？

生活在沙漠岩石中的动物

四爪陆龟

Si Zhua Lu Gui

◎身态特征

头部：头部与四肢均具黄色，它的头比较小，顶部有对称的大鳞，喙缘锯齿状。

背部：背甲的中部稍微扁平，看上去其背甲呈圆形。

肢部：前肢粗壮而略扁，后肢为圆柱形；共有四爪，趾间无蹼；成年龟体色为黄橄榄色或草绿色，并有

※ 四爪陆龟

不规则黑斑；腹部甲壳大而平，呈黑色，边缘为鲜黄色，并有同心环纹。四肢均有四爪，指、趾间无蹼。前臂与胫部有坚硬大鳞，股后有一丛锥形大鳞。

尾部：相同年龄的四爪陆龟，雌龟的体积要大于雄龟，雌龟的尾巴较短，尾根部粗壮，而雄龟尾巴较细长。四爪陆龟背壳高而圆，呈圆拱形，体长略大于体宽。成体背甲黄橄榄色，幼体略呈草绿色。背甲由 36 片对称排列的盾片组成，盾片上具有不规则的黑斑，并可清晰地分出一圈圈的环状物。

◎分布范围

四爪陆龟主要分布在新疆霍城县的境内。在国外，四爪陆龟分布在哈萨克斯坦南部荒漠地区和天山山前地带为多，印度、巴基斯坦和伊朗等地方也有分布。四爪陆龟主食草物，属于草食性动物，许多植物的茎、叶、花和果实都是它的食物。

▶ 知 识 窗

　　四爪陆龟有较高的药用价值，肉可食用，由此也造成了四爪陆龟数量急剧减少。冬季有较长的休眠期，因而繁殖期长。龟肉鲜嫩香酥，营养丰富，是高蛋白、低脂肪、低热量、低胆固醇的食疗佳品。龟甲是名贵中药材，头、血、脏器等都入药，具有滋阴补肾、清热除湿、健胃补骨、强壮补虚等功能。对治疗哮喘、气管炎、肿瘤及多种妇科疾病疗效显著。龟血能帮助人们延年益寿。

|拓展思考|

　　1. 四爪陆龟与普通的龟有何区别？

　　2. 四爪陆龟有什么营养价值？

　　3. 四爪陆龟在我国什么地方生存？

壁虎

Bi Hu

◎基本简介

壁虎是属于蜥蜴亚目壁虎科所有蜥蜴的通称，在自然界中分布的大约有 80 属 750 种。壁虎对人类是没有任何威胁的，然而壁虎的叫声很是扰人。壁虎是小型爬虫类动物，大多都是在夜间活动。

◎体态特征

壁虎的皮肤非常柔软，身体肥短，头大，四肢软弱，脚趾有趾垫。大部分的壁虎体长都在 3～15 厘米之间。壁虎能够适应由沙漠至丛林的不同环境区域，还有很多的壁虎喜欢到人类的住所活动。壁虎的平均寿命一般在 5～7 年。

壁虎属于爬行类动物，其身体的特征是：身体呈扁平状，四肢短小，脚趾上有吸盘，能在墙壁上爬行。壁虎的食物主要是吃蚊、蝇和蛾等小昆虫，对人类来讲是有益的动物。壁虎也可以叫做蝎虎。壁虎的主要产地是在我国西南部，以及长江流域以南诸地区，在日本和朝鲜地区也有分布。旧称"守宫"，是古代的"五毒"之一。在夏天的墙壁上，通常会看到壁虎的爬行。

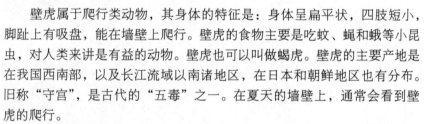

大多数的壁虎都具有适合攀爬的足，足趾底部都是平的、且具有肉垫状的小盘，盘上依序被有微小的毛状突起，末端叉状。人类的肉眼是看不到的，钩可黏附于物体上那些细小的、看不到的、不规则小平面上，使壁虎能在极平滑且垂直的面上行走自如，甚至可以越过光滑的天花板。有些种类的壁虎还具可伸缩的爪。大多数壁虎的外形都像蛇一样，在白天活动的被称为是日行壁虎属，日行壁虎属的眼上都有一层透明的保护膜。普通的夜行性壁虎种类，瞳孔纵置，并常分成数叶，收缩时可形成 4 个小孔。尾部的形状呈长尖型或短钝型，有的甚至呈球形。有些壁虎种类的尾可储藏养分，如同仓库类的壁虎，这种壁虎在不适宜的环境条件下亦能获取储存在尾部的养分，使身体得以正常生存。壁虎的尾部非常脆弱，很容易断掉，但是在断后，则可以再生成原状。壁虎的体色通常为暗黄灰色，并带灰、褐、浊白斑；但是产于马达加斯加岛的日行壁虎属，却是鲜绿色型的体色，且白天活动，与其他的种类之间有明显的差别。相异于其他爬虫类动物，壁虎大都具有声音，其叫声有几个特点，一般都是微弱的滴答声、唧唧声、尖锐的咯咯声、犬吠声，根据种类的不同而不同。大多数壁虎种类都是依靠卵生的方法繁殖后代的，壁虎的卵大都呈白色，且壳质坚硬，通常都产在树皮下或附于树叶背面。在纽西兰的某些地方有几种比较特殊的壁虎则是以卵胎生的方式繁衍后代。

◎生物特性

壁虎身体的体背腹呈扁平状，身上排列着粒鳞或杂有疣鳞；脚顶端的趾端扩展，其下方形成皮肤褶襞，密布腺毛，具有粘附能力，可在墙壁、天花板等光滑的平面上迅速爬行。属于壁虎属的壁虎种类大约有 20 种，在中国地区分布的有 8 种，比较常见的有多疣壁虎、无蹼壁虎、蹼趾壁虎和壁虎。

壁虎生活于建筑物内，以蚊、蝇、飞蛾等昆虫为食，喜欢在夜间活动，夏秋的晚上常出没于有灯光照射的墙壁、天花板、檐下或电杆上，白天潜伏于壁缝、瓦角下、橱柜背后等隐蔽阴凉处，并且喜欢在这些隐蔽地方产卵育子，壁虎每次产 2 枚圆形的卵，这些卵的壳容易破碎。有时几个雌体的壁虎将卵产在一起，在孵化 1 个多月之后，就可以孵化出新的壁虎宝宝。壁虎是属于可以鸣叫的爬行类动物。

◎生理特征

壁虎大多数的生理特征都与蜥蜴十分类似，但是有一点却不同，那就是壁虎没有大脑，它的头部是中空的，头部中间什么也没有。当你从壁虎的一只耳眼看进去，直接可以通过另一只耳眼看到外面。壁虎的脊髓在身体中起着至关重要的作用。

◎分布范围

壁虎分布在全世界各个温暖地区，在每一洲都可以见到多种的壁虎种类。带斑壁虎是分布最广的北美种壁虎，它的身长可长至 15 厘米，身体呈现出的颜色是浅粉红色或黄棕色，并带有深色带斑和斑点。最大的壁虎是蛤蚧，长度可达 25～35 厘米，身体呈灰色，身体的背部带有红色或乳白色斑点和条纹，它的主要产地在东南亚，喜欢它的动物爱好者一般在宠物店就可以买到。

▶ 知 识 窗

　　壁虎的断尾逃跑行为，是一种"自卫"的表现方式。当壁虎受到外力牵引或者遇到敌害侵袭时，尾部肌肉就会产生强烈地收缩，使尾部断落。掉下来的那一段尾巴，由于其中还有一些神经体活动，就会出现跳动的现象。这种现象，在动物学说上被称为"自切"。

| 拓展思考 |

　1. 壁虎的种类有多少？

　2. 壁虎主要分布在什么地方？

　3. 壁虎"自卫"的表现方式是什么？

金线蛙

Jin Xian Wa

◎基本简介

金线蛙为无尾目、蛙科、蛙属的两栖动物，分布在河北、山东等地。体长 50 毫米（雄体略小），体型肥硕，头长约等于头宽，吻端钝圆。鼓膜大而明显棕黄色，颞褶不显著。背部为绿色杂有一些黑色斑点，有两长条褐色斑，从吻端一直延伸到泄殖腔口，形成明显的、绿色的背中线。体侧绿色有些黑斑，两侧各有一条粗大的褐色、白色或浅绿色的背侧褶。皮肤光滑，但是在它的背部及体侧有些疣粒。腹部光滑，黄白色带有一些棕色点。前肢趾细长无蹼。后肢粗短有黑色横带，趾间蹼发达为全蹼。股部内侧黑色有许多小白斑。雌蛙体型比雄蛙大很多。雄蛙有一对咽侧内鸣囊，第一指有婚垫。

◎分布地区

侧褶蛙属现在有 22 种，中国已知的有 8 种，广泛分布于古北界和东洋界地区，除西藏和海南省外均有分布，其中的金线蛙种组三个物种分布广、数量较多，主要分布在我国东部地区，是我国常见蛙类之一，也是我国经济价值较大的蛙类资源。主要鉴别特征是：头侧及体侧多为绿色，背面绿色或橄榄绿色，有 2 条棕黄色的背侧褶，背侧褶几乎与眼睑等宽；股后方有黄色的褐色的纵纹，腹面为黄色或浅黄色。趾间近全蹼。雄蛙在咽侧有 1 对内声囊，雄性第 1 趾基部内侧有指垫。生活于平原地区的池塘、湖沼、鱼塘、荷花池等水生植物较多的自然水体内。分布于河北、山西、山东、河南、湖南、湖北、安徽、江苏、浙江等地。

◎生活习性

金线蛙在 1000 米以下的开垦地草泽环境，数量及分布范围逐渐减少。水栖性，喜欢在长有水草的蓄水池或者遮蔽良好的农地里藏身，例如飘着浮萍的稻田、芋田或者茭白笋田。繁殖期以春天及夏天为主。生性机警，多半藏身在水生植物的叶片下，仅露出头来观察四周的动静，若受到干扰马上跳入水中。雄蛙叫声很小，很短促的一声"啾"，不容易听到。平常也栖息在水域，以水生动物为食。卵粒小，卵径约 1 毫米。每次产卵约850 粒，聚成块状。蝌蚪褐绿色，有许多深褐色斑点。

◎生长繁殖

金线蛙形态指标都和它的体长呈正相关，金线侧褶蛙雌体的体长和体重均显著大于雄体。雌蛙怀卵量与自身体重和体长成正相关，表明该蛙也通过增加个体大小增加繁殖输出。金线蛙自受精卵期至鳃盖完成期共分为26 个时期，其发育历程及各时期胚胎外形特征与已知的无尾两栖类胎胚发育大同小异。

▶知识窗

由于青蛙的眼睛对运动的东西很灵敏，对不动的东西却无动于衷，所以，青蛙的眼睛可以识别不同的图像。它可以在各种形状的、飞动着的小动物里，立即识别出它最喜欢吃的苍蝇，而那些飞动着的小动物静止不动的背景却在青蛙眼里没有反应，同时，也对那些"有很大阴影的快速运动"的天敌特别敏感。而对与它的生存没有意义的事物，例如不动的或摇动的树木和草叶则都没有反应。就是说，蛙眼不像照相机，可以一点不漏地把镜头前的景物统统照下来，它只能看到对它有用的景物。而且青蛙的眼睛能够敏捷地发现运动着的目标，迅速判断目标的位置、运动方向和速度，并且立即选择最好的攻击姿态和攻击时间。总体来说，青蛙的眼睛带来的方便，其一是为了捕食，其二是为了逃生。

| 拓展思考 |

1. 金线蛙的体形特征是什么？
2. 金线蛙栖息于哪些地方？

生活在沙漠岩石中的动物

螃蟹
Pang Xie

◎基本简介

螃蟹属于十足目，是甲壳动物，节肢动物门。螃蟹是依靠鳃呼吸的，自身具有坚硬的外壳。在生物分类学上，螃蟹与虾、龙虾和寄居蟹都是同类的动物。绝大多数种类的螃蟹生活在海里或靠近海洋，当然也有一些螃蟹栖于淡水或住在陆地。它们靠母蟹来生小螃蟹，每次母蟹都会产很多的卵，数量可达数百万粒以上。人类都知道，螃蟹是横着走

※ 螃蟹

的。那么，它是依靠什么来判断方向呢？答案就是依靠地磁场来判断。

◎生活习性

螃蟹一般生活在海里或海边的地方，螃蟹的成长过程为：产卵，然后经过几次退壳后，长成大眼幼虫，大眼幼虫再经几次退壳长成幼蟹，幼蟹外型几乎与成蟹相同，再经过几次退壳后就变成蟹。大部分的海水蟹类都是卵成熟之后，不孵化直接排放到海洋里的。螃蟹身上有坚硬的甲壳可以保护自己不遭受到天敌侵害，但是后背的甲壳不会随着身体成长而不断地扩大。所以，螃蟹生长具有间断性，也就是相隔一段时间，旧壳蜕去后身体才会继续成长。蜘蛛蟹是地球上体型最大的螃蟹，它的脚伸开宽达 3.7 米，最小的螃蟹是豆蟹，直径不到 0.5 厘米。螃蟹虽小，但是五脏俱全，是非常有营养的一种食物。

◎繁殖特征

经常吃螃蟹的人不难发现，将螃蟹的硬壳去掉之后，螃蟹的身体还有一部分受到壳的保护，看上去像盾牌一样，生物学家称其为背甲。螃蟹的身体左右对称，可区分为额区、眼区、心区、肝区、胃区、肠区和鳃区。螃蟹身体的两边有附属肢连接。头部的附属肢称为触角，触角具备的功能是触觉与嗅觉，有些附属肢有嘴部功能，用来撕裂食物并送入口中。螃蟹胸腔有五对附属肢，称为胸足。位于螃蟹的前方有一对附属肢具有强壮的螯，可为觅食之用。其余的四对附属肢就是螃蟹的脚，螃蟹走路移动要依靠这四对附属肢，它们走路的样子独特且有趣，它们一般都是横着走的。然而，和尚蟹是直着走。

◎食物特性

螃蟹从不挑食，这一点表现得十分明显。只要螯能够弄到的食物都可以吃。小鱼虾是它们的最爱，不过有些螃蟹吃海藻，甚至于连动物尸体或植物都能吃。螃蟹吃别的动物，其他动物也可能吃螃蟹。螃蟹是人类的美食佳肴，还有水鸟也吃螃蟹，有些鱼类也像人类一样喜爱吃蟹脚。年幼未成年的幼蟹成群在海中浮游时，可能会被其他海洋生物所吞噬，也因此螃蟹产卵时都会繁衍出很多的卵，这样才能保证子孙后代的充盈。

◎螃蟹横着走的原因

在人类的印象当中，螃蟹一般都是横着走的，而且它们是靠地磁场来判断方向的，那为什么螃蟹要横着走呢？在地球形成以后的漫长岁月中，南北极的地磁已发生了很多次倒转。正是地磁极的倒转使许多生物无所适从，甚至造成灭绝。螃蟹是一种古老的回游性动物，它的内耳有定向小磁体，对地磁十分敏感。由于地磁场的倒转，使得螃蟹体内的小磁体失去了原来的定向作用。为了使自己在地磁场的倒转中生存下来，螃蟹采取"以不变应万变"的做法，干脆不前进，也不后退，而是横着走。虽然是一个很笨的方法，但却给它们提供了适应地球变化的能力。

从生物学角度看来，蟹的头部和胸部从外表上是无法区分的，因而就叫头胸部。蟹的十足脚分别长在身体的两侧。第一对螯足，既是掘洞的工具，又是防御和进攻的武器，其余的四对是用来步行的，叫做步足。每只脚都由七节组成，关节只能用来上下活动。大多数蟹头胸部的宽度大于自身的长度，因而爬行时只能一侧步足弯曲，用足尖抓住地面，另一侧步足向外伸展，当足尖够到远处地面时便开始收缩，而原先弯曲的一侧步足马上伸直，把身体推向相反的一侧。

当然，对于螃蟹为什么横着走，科学家做了很多的实验。经过科学研究分析得出，螃蟹体内的与肢相连的骨眼，对于每条肢都有上下两个骨眼与之相连。而且其肢基部关节弯曲方向是背腹方向，所以当肌肉收缩时，便牵动肢沿背腹方向运动，因此螃蟹才横着走。

▶ 知 识 窗

螃蟹不能生吃，据有关研究发现，活蟹体内的肺吸虫幼虫囊蚴感染率和感染度很高，肺吸虫寄生在肺里，刺激或破坏肺组织，能引起咳嗽，甚至咯血，如果侵入脑部，则会引起瘫痪。据专家考察，把螃蟹稍加热后就吃，肺吸虫感染率为20％，吃腌蟹和醉蟹，肺吸虫感染率高达55％，而生吃蟹，肺吸虫感染率高达71％。肺吸虫囊蚴的抵抗力很强，一般要在55℃的水中泡30分钟或20％盐水中腌48小时才能杀死。生吃螃蟹，还可能会感染副溶血性弧菌。副溶血性弧菌大量侵入人体会发生感染性中毒，表现出肠道发炎、水肿及充血等症状。所以，不能图鲜而生吃螃蟹，否则会受一系列细菌感染的。

拓展思考

1. 你对螃蟹有哪些了解？
2. 螃蟹为什么是横着走的？

螳螂

Tang Lang

◎基本简介

从螳螂的形体上来讲，它属于中至大型昆虫，它的头部呈三角形，而且活动自如，复眼大而明亮，触角细长，颈可自由转动。前足腿节和胫节有利刺，胫节镰刀状，常向腿节折叠，形成可以捕捉猎物的前足；前翅皮质，为覆翅，缺前缘域，后翅膜质，臀域发达，扇状，休息时叠

※ 螳螂

于背上，腹部肥大。除了极地以外，广布世界各地，尤以热带地区种类最为丰富。世界已知的品种大约有 1585 种，中国约有 51 种，其中，广斧螳、欧洲螳螂、南大刀螂、中华大刀螂、北大刀螂、绿斑小螳螂等是中国农、林、果树和观赏植物害虫的重要天敌。

◎外形特征

螳螂的身体呈长形，常见的有绿色、褐色，也有一些种类是带花斑的。前足捕捉足，中、后足适于步行。卵产于卵鞘内，每 1 卵鞘有卵 20～40 个，排成 2～4 列。每个雌虫可产 4～5 个卵鞘，卵鞘是泡沫状的分泌物硬化而成，多粘附在树枝、树皮、墙壁等物体上。初孵出的若虫为"预若虫"，蜕皮 3～12 次始变为成虫。一般 1 年 1 代，一只螳螂的寿命约有 6～8 个月左右，有些种类行孤雌生殖。一些螳螂具有肉食性，专门猎捕各类昆虫和小动物，在田间和林区能消灭不少害虫，所以说螳螂是益虫。螳螂生性残暴好斗，缺食时常有大吞小和雌吃雄的现象。生活在南美洲的少数种类螳螂，有时还会攻击小鸟、蜥蜴或蛙类等小动物。螳螂本身就具有保护色，在不同环境下，还具有拟态，能与其所处的环境颜色相似，可以有效捕食多种害虫。

　　螳螂只吃活着的虫，以有刺的前足牢牢钳食自己的猎物。受到惊吓的时候，振翅沙沙作响，同时显露鲜明的警戒色。常见于植丛中而非地面上，体形可像绿叶或褐色枯叶、细枝、地衣、鲜花或蚂蚁。依靠拟态不但可躲过天敌，而且在接近或等候猎物时不易被发觉。螳螂是凶残的，雌虫在交尾后常吃掉雄虫，卵产在卵鞘内可保护其度过不良天气或天敌袭击，卵数约 200 个，若虫会同时全部孵出，常互相残杀。

▶知 识 窗

　　雌性螳螂无论是从食量、食欲或是捕捉能力等方面，均大于雄性，因此，雄性有时会有被吃掉的危险。雌性的产卵方式特别，既不产在地下，也不产在植物茎中，而是将卵产在树枝表面。交尾后 2 天，雌性一般头朝下，从腹部先排出泡沫状物质，然后在上面顺次产卵，泡沫状物质很快凝固，形成坚硬的卵鞘。第二年夏天来到的时候，会有数百只若虫从卵鞘中孵化出来，若虫蜕皮数次，便发育为成虫。

|拓展思考|

　　1. 为什么母螳螂会把公螳螂吃掉？
　　2. 螳螂以什么为食？

生活在沙漠岩石中的动物

无毒蛇
Wu Du She

◎基本简介

　　无毒蛇是至今为止世界上最大的蛇类群体。在全世界 2500 种的蛇种类中就有 1500 种是无毒蛇。大多数无毒蛇的身体长度在 50～200 厘米之间。这些无毒蛇身体的形状、颜色和斑纹都各不相同，这主要取决于它们的生活习性和栖息地。无毒蛇自身具有坚固的牙齿，头部多数为椭圆形，尾部逐渐变得越来越细。他们杀死猎物的方式有两种：一是采用缠绕猎物的方法，使其窒息死亡后食用；另一种是将猎物制服后活吞。

◎无毒蛇的种类

　　常见的无毒蛇的种类有以下几种：

1. 嘶声沙蛇

　　嘶声沙蛇是一种非常细的蛇，其尾巴比较长，背部的鳞片光滑铮亮，一双炯炯有神的大眼睛。这种蛇有好几种颜色，但大多数都是浅棕色或橄榄绿色。在这种蛇的腹侧有深色或浅色的花纹。嘶声沙蛇主要栖息在草原或干燥多石的地方。它们的警觉性极高，并且爬行速度较快，常常在夜间出来活动。

2. 加利福尼亚王蛇

　　加利福尼亚王蛇是一种圆滚滚的蛇，它们有一个狭窄的脑袋，通身有黑色和乳白色相间的环状花纹，且伴有较窄的浅色条纹和较宽的深色条纹交替出现，沿腹的两侧各有一条线纹。

3. 长鼻树蛇

　　长鼻树蛇是一种特别纤细的蛇，不仅头部修长，还有一个长长的鼻子。长鼻树蛇的眼睛中长着横向的瞳孔，这使它们能够准确地判断远处的情况。长鼻树蛇的颜色通常是绿色的，再加上藤蔓植物一样的形体致使它们有了很好的伪装本领。长鼻树蛇大部分栖息在热带森林中的树林和灌木丛中，主食蜥蜴，偶尔也吃青蛙和一些哺乳类动物。

4. 美洲黑蛇

美洲黑蛇是一种纤细的流线型蛇种。这种蛇的表面具有光滑的鳞片，由于生活栖息的环境不同，其体表的颜色有蓝色、绿色、灰色、橄榄色等不同颜色。生活在同一地区的美洲黑蛇大体上都有同样的体表颜色。美洲黑蛇主要分布在美洲北部和中部，喜欢栖息在视野开阔的地方，例如田地、湖边和大草原上。这种蛇的主食以爬行动物为主，有时也食用鸟类和小型哺乳类动物。

5. 猩红蛇

猩红蛇是一种小洞穴的蛇种，长着圆筒形的身体，窄窄的、突出的头和光滑的鳞片。它们的背上有红色、白色和黑色的条纹，这些色彩看起来十分美丽，在这种蛇的腹下侧有平淡的白色或乳白色。猩红蛇的体长可达到40厘米左右，喜欢在松散的沙土地中，腐朽的圆木或树皮下活动。

◎如何区别毒蛇和无毒蛇？

在田地里，经常会看到或是遇到蛇类，有时还会被蛇咬到，因为大多数的人都不知道看到的蛇是否有毒，不知道自己是否会中毒。其实只看蛇的外形就可以判断这种蛇是否有毒。

单从外表上来看，无毒蛇的头部呈椭圆形，尾部是细长的，体表花纹多但是并不明显，如火赤链蛇、乌风蛇等；毒蛇的头部呈三角形，一般头大颈细，尾短而突然变细，表皮花纹比较鲜艳，如五步蛇、蝮蛇、竹叶青、眼镜蛇、金环蛇和银环蛇等，其中比较特别的是眼镜蛇、银环蛇的头部并不是呈三角形，而是有其独特的外貌形状。

从伤口上看的话，毒蛇都有尖且大而长的毒牙，被它咬过之后，伤口上会留有两颗毒牙的大牙印；而无毒蛇咬伤后，留下的伤口是一排整齐的牙印。

如果从时间上看，如果被蛇咬伤后15分钟内，伤口出现红肿并伴有疼痛感时，就可以断定咬伤患者的是一条毒蛇。

◎应急措施

在被毒蛇咬伤后要采取相应的急救措施，被咬伤的患者千万不要做剧烈的运动，坐着不动可以减慢人体对蛇毒的吸收，降低蛇毒在人体内的传播速度；在接受急救医务人员诊断时，要将伤口的形态，详细地告诉医者，静心地等待医师的诊断。

如果把咬伤患者的蛇打死，带上死蛇给医者看，则更有利于医务人员进行及时、正确地治疗。被毒蛇咬伤后，应立即用柔软的绳或带结扎在伤口上方，以阻断静脉血和淋巴液之间的血液回流，减少身体对毒液的吸收，防止毒素在身体中的扩散。要在被蛇咬后进行应急排毒措施，要立即用冷茶、冷开水或泉水冲洗伤口，有条件的话可用生理盐水、肥皂水、双氧水、千分之一的过锰酸钾溶液、四千分之一的呋喃西林溶液等有医用作用的液体冲洗伤口。施行刀刺同样可以达到排毒的效果，操作过程就是用清洁过的小苗刀、痧刀和三棱针或其他干净的利器挑破伤口，但不要挑得太深，以划破两个毒牙痕间的皮肤为原则。在伤口周围的皮肤上，用小苗刀挑数孔也可以达到排毒的效果，挑过的刀口要如米粒般大小，这样更有利于毒液排出体外。在实行刀刺后，要马上用清水清洗伤口，要采用从上而下的挤压法，在伤口处不断地做挤压运动，15 分钟左右的时间就可以挤出体内的大量毒液。

如果伤口里的毒液不能畅通地排出体外，这时就可以采用吸吮式的排毒法，可以采用拔火罐、或是在针筒前端套一条橡皮管来抽吸毒液，当处于荒郊野外时，没有这些工具可直接用嘴吸吮，但必须注意安全，要边吸边吐，每次吸允后都要用清水漱口。治疗蛇咬伤的药物有很多，内服、外敷的都有，具体用什么蛇药，要根据所处环境的条件而定，要用能达到立竿见影效果的急救措施。

在野外行走时，不要随便将手插入树洞或岩石空隙等地方，因为这些地方都是蛇在白天时喜欢的活动场所。在野外活动时，最好是手持一根小棍或树枝，边走边敲打四周的草木丛，"打草惊蛇"的做法是完全正确的。

> **知识窗**
>
> 　　蛇还有很好的食用价值，这主要是指无毒性的蛇种。蛇科中的属于游蛇科中的黄脊游蛇、赤链蛇、枕纹锦蛇、乌游蛇等，都有很好的食用价值。在我国的很多的地方，都有吃蛇，或是用蛇泡酒的习俗。在做蛇肉时，要除去内脏，洗净鲜用或晒干用，要食用时须除去蛇头、蛇皮和内脏，经过多次清洗后再食用。
>
> 　　蛇肉有甘、咸等味道，属性平，有很好的祛风湿、通经络、解毒的作用。对治疗风湿痹证、肢体麻木、疼痛或痉挛，以及疥癣等病症有很好的疗效。蛇肉可用来煮食、炒食。用整条的蛇泡酒，同样有很好的药用价值。

拓展思考

1. 无毒蛇和有毒蛇是怎样区分的？
2. 常见的无毒蛇有哪几种？

生活在沙漠岩石中的动物

螽斯

Zhong Si

◎基本简介

　　螽斯属于直翅目中的一科，螽斯原来称为蝈蝈，体型较大，外形和蝗虫极其相似，看得仔细便可以发觉，它们的身甲远不如蝗虫那样坚硬，更重要的是，它们有着细如丝，长过其自身的触角。而蝗虫类的触角又粗又短。身体呈草绿色，触角细长。雄虫的前翅互相摩擦，能发出"括括括"的声音，清脆而且响亮。螽斯喜欢吃瓜果、豆类等，人们用小竹笼饲养观赏；螽斯的叫声具有金属质感，比蟋蟀的声音更响亮、尖锐且更加刺耳。螽斯传出的声音可以传一两百米远，螽斯的个头与鸣声也不尽相同，体型亦有差异，有瘦长的纺织娘，也有短胖的蝈蝈。

　　螽斯的体躯偏扁或近圆柱状，触角可达到 30 节以上，丝状，比体长。

※ 螽斯

翅的变异较大。在有翅种类中，雄性发音器位于左前翅之臀域，常略呈圆形，周围以弯曲而发达的翅脉，中横贯粗脉，作为音源；右前翅基部为光滑而透明的鼓膜，当二翅相互摩擦的时候，导致共鸣发音。前足胫节基部两侧具有开口式或闭口式的听器。后足腿节十分发达。跗节为 4 节。螽斯自身具有的产卵器十分发达，呈剑状或镰刀状。世界已知约 1 万多种，中国现在仅知 200 多种，估计约有 500 种以上，其中纺织娘为人所熟知。纺织娘分布几乎遍及世界的各个地方，但其中多数种类分布在热带和亚热带地区。

螽斯主要栖息在丛林和草丛中，也有少数种类栖息在穴内、树洞及石下等环境中。多数种类产卵于植物茎干内、裂缝中或茎叶的表面上，亦有少数种类产卵于土中。不同的种类之间有其食性的复杂性，分别有植食性、肉食性和杂食性等多种类型。植食性种类多对农林牧业造成不同程度的危害；肉食性种类除在柞蚕区内可对养蚕业造成一定的危害外，而在其他地区则可作为害虫的天敌加以利用。

螽斯属于渐变态的动物，一个世代经历卵、若虫和成虫三个虫态，多数种类都是以卵越冬。

◎形态特征

螽斯是鸣虫中体型较大的一种，体长一般在 40 毫米左右，侧扁。触角丝状，通常要超过身体的总长度。覆翅膜质，较脆弱，前缘向下方倾斜，一般以左翅覆于右翅之上。后翅多稍长于前翅，也有短翅或无翅种类。雄虫前翅具发音器。前足胫节基部具一对听器。足跗节 4 节。尾须短小，产卵器呈刀状或剑状。螽斯栖息在树上的种类，多数为绿色，无翅的地栖种类通常色暗。

◎发音器官

螽斯能够发出各种美妙的声音，这种声音是靠一对覆翅的相互摩擦形成的。它们的"乐器"长在前翅上：在左覆翅的臀区具一略呈圆形的发音锉，锉周缘围以较强而弯曲的翅脉，中间横贯一条加粗的翅脉作为音锉，音锉上有许多小齿；右覆翅上具边缘硬化的刮器，音锉与刮器相互摩擦，即可产生声音，由于种类不同，音锉的大小、齿数、齿间距都不相同，因而发出的声音也各不相同。此外，翅的薄厚和振动速度也影响鸣声的节奏和高低。由于品种的不同，发声的频率也就各不相同。频率通常在 870～9000 赫之间。整个夏天，它摩擦前翅的次数达 5000～6000 万次。

蝈斯是昆虫"音乐界"中的佼佼者。蝈斯最突出的特点就是善于鸣叫，其鸣声各异，有的高亢洪亮，有的低沉婉转，或如潺潺流水，或如急风骤雨，声调或高或低，声音或清或哑，给大自然增添了一串串美妙的音符。

▶ 知 识 窗

·蝈斯为什么鸣叫？·

能够发出声音的只是雄性蝈斯，雌性是"哑巴"，但雌性有听器，可以听到雄虫的呼唤。雄虫通过发出自己独特的鸣声，借以寻找配偶，吸引同种雌虫前来交配，进行生殖活动。以此为目的鸣叫是一种多音节或单音节构成的唧唧声，称为"婚恋曲"。雄虫往往能连续唱很长时间，并常会有几头雄虫同时高歌，雌虫闻讯赶来，一般选中歌声洪亮者作为自己的"恋人"。声音除了用来吸引异性外，还能起到自卫和报警的作用，当两只雄虫相遇时，便高唱"战歌"，面对面摆好架势，摇动着触角，大有一触即发之势，双方只有后撤才会相安无事。如果周围出现异常或危险，蝈斯便发出"警报"，警告其他蝈斯。

| 拓展思考 |

1. 蝈斯有什么体态特征？
2. 蝈斯是怎样发出清脆的叫声的？
3. 简单对蝈斯做一个描述。

蝙蝠

Bian Fu

◎基本简介

蝙蝠在中国的传统文化中象征着福气，除了南、北极及一些边远的海洋小岛屿之外，蝙蝠存在于世界的各个角落，在热带地区和亚热带地区蝙蝠的数量最多。蝙蝠的颜色、皮毛质地及面型千差万别。蝙蝠的翼是在进化过程中由前肢演化而来，是由其修长的爪子之间相连的皮肤构成。蝙蝠的吻部像啮齿类或狐狸。

蝙蝠是哺乳动物中唯一真正具有飞翔能力的物种。蝙蝠自身具有敏锐的听觉定向系统。狐蝠和果蝠主要以食素为主。大多数蝙蝠以昆虫为主食。因为蝙蝠捕食大量昆虫，故在昆虫繁殖的平衡中起着重要作用，甚至可能有助于控制害虫。某些蝙蝠亦食果实、花粉、花蜜；热带美洲的吸血蝙蝠以哺乳动物及大型鸟类的血液为食，这些蝙蝠有时会传播狂犬病。蝙蝠的分布非常广，尤其在热带地区，蝙蝠的数量极为丰富，它们会在人们的房屋和公共建筑物内集成大群。生活中的有些细菌就是靠蝙蝠传播的。

◎形态特征

不同种类之间的蝙蝠，其体型之间也存在极大的差距。例如最大的狐蝠展开双翼后达 1.5 米，而基蒂氏猪鼻蝙蝠展开双翼仅有 15 厘米。蝙蝠的颜色、皮毛质地及脸相也千差万别。蝙蝠的翼是进化过程中由前肢演化而来。除拇指外，前肢各指极度伸长，有一片飞膜从前臂、上臂向下与体侧相连直至下肢的踝部。拇指末端有爪。多数蝙蝠于两腿之间亦有一片两层的膜，由深色裸露的皮肤构成。

蝙蝠的外耳很大，并且向前突出，活动灵活。蝙蝠的脖子短；胸部及肩部宽大，胸肌发达；而髋及腿部细长。除翼膜外，蝙蝠全身有毛，背部呈浓淡不同的灰色、棕黄色、褐色或黑色，而腹侧色调较浅。栖息于空旷地带的蝙蝠，皮毛上常有斑点或杂色斑块，颜色也各不相同。蝙蝠在取食习性上，根据种类的不同而各有差异，吸血蝙蝠对人类有危害，食虫蝙蝠的粪便一直在农业上用作肥料。民间有一种说法是：老鼠吃了盐之后就变成了蝙蝠，可见这一说法是不对的。

◎生长发育

蝙蝠群的性周期性是同步的，因此交配活动大多发生在数周之内，蝙蝠的妊娠期通常从6～7周到5～6月。许多种类的雌体妊娠后迁到一个特别的哺育栖息地点。蝙蝠通常每窝产1～4只小蝙蝠。小蝙蝠刚出生时无毛或少毛，看上去像小老鼠一样，且在这段时间内没有视觉和听觉。幼崽一般由亲体照顾5周至5个月，不同的种类之间有不同的决定。

◎生活习性

几乎所有的蝙蝠都是白天休息，晚上出去觅食的。这种习性便于它们侵袭入睡的猎物，而自己不受其他动物或高温阳光的伤害。一些种类的蝙蝠可以算是飞行高手，它们能够在狭窄的地方非常敏捷地转身，蝙蝠是唯一能振翅飞翔的哺乳动物，其他像鼯鼠等能飞行的哺乳动物，只是靠翼形皮膜在空中滑行。

夜间，蝙蝠靠声波探路和捕食。它们发出人类听不见的声波。当这声波遇到物体时，会像回声一样返回来，由此蝙蝠就能辨别出这个物体是移动的还是静止的，以及离它有多远。长耳蝙蝠在飞行中捕食昆虫，能将昆虫从叶子上抓下来，因为它们的大耳朵使它能接受回声。蝙蝠一般出现在夏天的夜晚。

蝙蝠通常喜欢栖息于孤立的地方，如山洞、缝隙、地洞或建筑物内，也有的栖息在树上和岩石上。它们总是喜欢倒挂着休息，一般聚成群体，从几十只到几十万只。

蝙蝠具有回声定位的能力，能产生短促而频率高的声脉冲，这些声波遇到附近物体便反射回来。蝙蝠听到反射回来的回声，能够确定猎物及障碍物的位置和大小。这种本领要求蝙蝠将它们高度灵敏的耳、发声中枢与其听觉中枢紧密结合，蝙蝠个体之间也可能用声脉冲的方式交流，当然，有少部分蝙蝠依靠嗅觉和视觉去寻找食物。

蝙蝠并没有大鸟那样庞大的羽毛和翅膀，但它的飞行本领也不比大鸟，但其前肢十分发达，上臂、前臂、掌骨和指骨都特别长，并由它们支撑起一层薄而多毛的，从指骨末端至肱骨、体侧、后肢及尾巴之间的柔软而坚韧的皮膜，形成蝙蝠独特的飞行器官——翼手。蝙蝠的胸肌十分发达，胸骨具有龙骨突起，锁骨也很发达，这些均与其特殊的运动方式有关。蝙蝠善于在夜间飞行，但在飞行之前需要借助滑翔，倘若跌落地面，就很难再飞起，飞行时把后腿向后伸，起着平衡的作用。

◎食性特征

蝙蝠根据其种类的不同，食性也有很大的差别。有些种类的蝙蝠喜欢果实、花蜜，有的喜欢吃鱼、青蛙、昆虫和吸食动物血液，甚至吃其他蝙蝠。

以昆虫为食的蝙蝠在不同程度上都具有回声定位系统，因此有"活雷达"之称。

借助这一系统，它们能在完全黑暗的环境中飞行和捕捉食物，在大量干扰下运用回声定位，发出超声波信号而不影响正常的呼吸。它们头部的口鼻部上长着被称为"鼻状叶"的结构，在周围还有很复杂的特殊皮肤皱褶，这是一种奇特的超声波装置，具有发射超声波的功能，能连续不断地发出高频率超声波。假如蝙蝠在飞行的过程中碰到障碍物，这些超声波就能反射回来，然后由它们超凡的大耳廓所接收，使反馈的信息在它们微细的大脑中进行分析。

这种超声波的探测灵敏度和分辨力极高，使它们根据回声不仅能判别方向，为自身飞行路线定位，还能辨别不同的昆虫或障碍物，进行有效地回避或追捕。

蝙蝠正是依靠自身的回声定位系统，才能在空中盘旋自如，甚至还能运用灵巧的曲线飞行，不断变化发出超声波的方向，以防止昆虫干扰它的信息系统，乘机逃脱的企图。

> **知识窗**
>
> 一般情况下，蝙蝠进入冬眠状态后，新陈代谢降低，心跳和呼吸减慢，体温降低到与环境温度相一致，但冬眠不深，在冬眠期有时还会排泄和进食，惊醒后能立即恢复正常。蝙蝠自身的繁殖力不高，而且有"延迟受精"的现象，然而在冬眠前交配时并不发生受精。雄性蝙蝠的精子会在雌性蝙蝠的生殖道里度过寒冬，待蝙蝠醒眠后，经交配的雌蝙蝠才开始排卵和受精，然后怀孕、产崽。
>
> 蝙蝠在飞行时，可以利用超声波判断前方是否有障碍物。从前很多人认为蝙蝠视力差，其实是一个天大的误区。最近已经有不少科学家指出，蝙蝠视力不差，不同种类的蝙蝠视力各有不同，蝙蝠使用超声波，与它们的视力没有必然联系。蝙蝠是哺乳类中古老而十分特化的一支，因前肢特化为翼而得名，分布于除南北两极和某些海洋岛屿之外的全球各地，以热带、亚热带的种类和数量最多。由于蝙蝠其貌不扬的外表，加之属于夜行动物，总让人感到可怕。

生活在沙漠岩石中的动物

拓展思考

1. 蝙蝠是怎样演变过来的？

2. 蝙蝠主要分布在什么地方？

3. 蝙蝠的最大特征是什么？

生活在沙漠岩石中的动物

乌 龟
Wu Gui

◎基本简介

乌龟也叫金龟、草龟、泥龟和山龟等，在动物分类学上属于爬行纲、龟鳖目、龟科和龟亚科。乌龟是最常见的龟鳖目动物之一。乌龟在我国各地几乎都有分布，但以长江中下游各省的产量比较多；广西各地也都有出产，尤以桂东南、桂南等地数量较多；国外主要分布在日本和朝鲜。

※ 乌龟

◎体态特征

乌龟的壳略扁平，背腹甲固定而不可活动，背甲长 10～12 厘米、宽约 15 厘米，有 3 条纵向的隆起，龟壳是极其坚硬的。头和颈侧面有黄色线状斑纹，四肢略扁平，指间和趾间均具全蹼，除后肢第五枚外，指趾末端皆有爪。

此外，乌龟还具有很多的特性：乌龟的繁殖率低而且生长的速度较慢，一只 500 克左右的乌龟经一年饲养仅增重 100 克左右。但乌龟的耐饥能力较强，即使断食数月也不易被饿死，抗病力亦强，且成活率高。所以乌龟是较易人工饲养的动物。

◎生活习性

乌龟属于半水栖和半陆栖性的爬行动物，主要栖息在江河、湖泊、水库、池塘及其他水域。乌龟一般白天都在水里，夏日炎热的时候，便成群地寻找阴凉处。乌龟的性情温和，相互间无咬斗。遇到敌害或受惊吓时，便把头、四肢和尾缩入壳内。乌龟是杂食性动物，以动物性的昆虫、蠕虫、小鱼、虾、螺、蚌、植物性的嫩叶、浮萍、瓜皮、麦粒、稻谷、杂草种子等为食。耐饥饿能力强，数月不食也不致饿死。乌龟为变温动物。水温降到 10℃以下时，即静卧水底淤泥或有覆盖物的松土中冬眠。冬眠期一般从 1 月到次年 4 月初，当水温上升到 15℃时，出穴活动，水温 18℃～20℃开始摄食。

◎年龄与生长

乌龟的寿命是非常长的，究竟有多长，目前尚无定论，一般讲能活 100 年，据有关考证也有 300 年以上的，有的甚至过千年。乌龟的生长较为缓慢，在正常的情况下，雌龟生长速度为：一龄龟体重多在 15 克左右，二龄龟 50 克，三龄龟 100 克，四龄龟 200 克，五龄龟 250～250 克，六龄龟 400 克左右。雄龟生长慢，性成熟最大个体一般为 250 克以下。

◎繁殖习性

1. 性成熟年龄：自然条件下，5 龄以上的乌龟性腺开始成熟，7 龄成熟良好。从体重上来看，一般雄龟的体重达到 150 克，雌龟 250 克性开始成熟。

2. 交配受精：每年的 4 月～5 月，当月亮刚上树梢时，在塘埂湖边，便可见到乌龟在相互追逐。有时一只雌龟后面跟着 1～3 只雄龟。起初，雌龟不理睬，随着时间的推移，力大和灵活的雄龟便腾起前身扑到雌龟背上，用前肢抓住雌龟背部两侧，后肢立地进行交配。如在水中，则雌、雄龟上下翻滚，完成交配。

3. 产卵期：热带地区乌龟可全年产卵，我国长江流域一般 4 月底开始产卵至 8 月底，5～7 月为产卵高峰期。一年中雌龟可产卵 3 次～4 次，每次间隔 10 天～30 天，每次产卵 5 个～10 个，最少的为 1 个，最多的为 16 个。水温、气温 27℃～31℃最佳，超过 35℃，则停止产卵。

4. 产卵习性：乌龟的产卵过程可分为四个阶段：第一阶段选择穴址。到处爬行，以选择土质疏松有利于预防敌害的树根旁或杂草中。土壤的含水量约为 5%～20%。第二阶段挖穴。卵穴口径约 3～4 厘米，穴身稍有倾斜，深约 8～9 厘米。第三阶段产卵。把卵产在穴中，每产完一个卵，即用后肢在穴内排好。每间隔 2～5 分钟之后产一个，产完一批卵需要 30 分钟左右。第四阶段盖穴。用两后肢轮番作业，把穴外的泥土一点一点地扒往穴内，且每放一次土，就用后肢压一下。把土盖满卵穴时，再用整个身体后半部腹板用力压实。整个生殖过程约需 8 个小时，其打穴、产卵、盖穴时间比例约为 6：1：3。

5. 胚胎发育：卵产下约 30 小时，壳上方有一白点，即为受精卵。产后 30 天，受精卵变成浅紫红色，等到 70 天之后，卵壳变黑。整个孵化需要经过 80～90 天稚龟才能出壳。

◎生活规律

乌龟属于杂食性动物，活动也带有一定的规律，大多有昼伏夜行的特点。气温在 30℃时出来寻找食物，常常在池塘中出现，溪边田有缺口处的地方，寻找一些小虾，田螺为主要食物。乌龟一年四季里有 6 个月处于冬眠的阶段。成年的乌龟寿命极长，有百年至数千年不等。乌龟会随着年龄与体积的增大，而活动的范围却不断缩小着。成年龟的体重增长不一般年增不会超过 100 克，体积越大增长越慢，它体内储存的能量足够它 2 年不食也不会影响到它的生命。家中饲养的乌龟是具有灵性的。

乌龟具有群居生活的习惯。在过冬的洞穴里，一般会有几个或几十只大小不等的乌龟在一起的。晚上外出觅食时都是成群结队的，很少单个外出。

◎饲养管理

1. 饲养方式

乌龟的饲养方式有很多种，人工饲养乌龟有池养、缸养、木盆养和水库池塘养等多种方式，事情往往都是有利有弊的，可以因地制宜地自行选择。对一般专业户和小规模的养殖场，还是以建池养殖比较好，因为此方式管理方便，经济效益也较大。

养殖池的建造：幼龟池和繁殖池可以按照金钱龟的幼龟池和繁殖池的规格和方法建造。成龟池的建造也和金钱龟的成龟池差不多，但总的面积要更大一些，以便养殖数量更多的乌龟。如果成龟池较大，还可以鱼龟混养，在池中养一些草食性和滤食性的鱼类，以提高养殖的综合经济效益。值得注意的是乌龟也有打洞、易逃跑的特性，因此围墙的墙基要深入地下 50 厘米左右。

2. 乌龟的饲料及喂食

乌龟的食性比较广泛，主要有稻谷、小麦、豌豆、小鱼、虾、昆虫和

生活在沙漠岩石中的动物

蜗牛等，其中最喜欢吃的食物是小鱼、蜗牛、玉米和稻谷。人工饲养时，为满足乌龟生长所需要的各种营养，避免因食物的单一而生长发育不良和产生厌食症，应采用多种饲料混合在一起，如动物性饲料中的鱼虾、蜗牛、河蚌等和植物性饲料中的稻谷、小麦、玉米等。要想让乌龟足够充分地消化这些饲料，在投喂饲料之前，须先将玉米、豌豆等压碎，浸泡 2 小时，其他大块食物也须先切碎，然后才投喂。喂食时应该注意的是，在乌龟生长的不同时期，应根据其生长特点投以含不同营养成分的饲料。

乌龟的生活与气候有着密切的关系。每年 4 月初开始摄食，6 月～8 月摄食活动达最高峰，自身的体重会迅速增快，等到了 10 月的时候，气温逐渐下降后，其食量开始下降，当气温降到 10℃ 以下时，则停止进食，进入冬眠时期。所以，喂食时应根据乌龟的生长特点来进行，一般要求做到如下几点：

（1）定时。春季和秋季的时节，气温较低，乌龟在早晚的时候不大活动，只在中午前后才出来摄食，故宜在上午 8～9 时的时候投喂饲料。乌龟摄食旺季是从谷雨到秋分，时值盛暑期，乌龟一般中午不活动，而多在下午 17～19 时活动觅食，故投食以在下午 16～17 时进行为宜。定时可使乌龟按时取食，获取较多的营养，并且还可保证饲料新鲜。

（2）定位。在水池的岸边分段定位设置固定的投料点，投料点的食台要紧贴水面，便于乌龟能够及时地咽水咬食。定位投喂饲料，目的是让乌龟养成习惯，方便其找到食物，同时便于观察乌龟的活动和检查摄食情况。

（3）定质。投喂的食物应该保持新鲜，等到喂食过后，要及时清除剩下的残留物，以防饲料腐烂发臭，影响乌龟的食欲和污染水质。

（4）定量。饲料的投喂量视气温、水质、乌龟的食欲及其活动情况而定，以当食欲及其活动情况而定，以当餐稍有剩余为宜。一般每隔 1 天～2 天投食 1 次。

3. 稚龟的饲养

刚出生的稚龟体质较弱，肠胃机能和消化能力也弱，因此不能马上放养于饲养池中，而应先单独精心喂养和护理一段时期之后再放入池塘，以提高稚龟的存活率。

稚龟的喂养和护理原则是：

（1）搞好清洁卫生，以防乌龟生病；

（2）控制适宜温度和湿度，以利其正常生长；

（3）培养稚龟逐渐适应外界环境，自行摄食。具体的做法是；将刚出壳的稚龟先放在一个小型玻璃箱内，先让它爬行 3～5 小时，待稚龟脐带干脱收敛后，以 0.6% 的生理盐水浸洗片刻，进行局部消毒，然后放入室内玻璃箱或木盆中饲养，千万要记住别用人工强力拉断稚龟的脐带，这样会造成稚龟伤亡。稚龟饲养箱每天换水 1 次～2 次，水温严格控制在 25℃～30℃，天气炎热时还需多次向饲养箱内喷水，以调节温度并增加水中的氧气，使稚龟得以在适宜的条件下正常生长。对刚孵出 1 天～2 天的稚龟不需投食，2 天后才开始喂少量谷类饲料，之后再投喂少量煮熟的鸡蛋和研碎的鱼虾、青蛙肉和南瓜红薯等混合饲料。经过 7 天的饲养之后，稚龟体质已较强壮，便可将其转入室外饲养池饲养。

4. 饲养乌龟应注意的事项

（1）应将幼龟、成龟和亲龟分池进行饲养，避免产生大乌龟吞食小乌龟的现象，同时也便于确定饲料投喂量和饲养管理，这样有利于观察和掌握乌龟的生长情况。

（2）由于乌龟的性情温和胆子较小，应保持饲养池四周的安静，以免影响乌龟摄食、晒太阳、交配和产卵等正常活动。

（3）要经常更换饲养池的水，保持池水的洁净，搞好饲养池的卫生，避免乌龟发生其他的疾病。

（4）池子四周与围墙之间空地上的沙土要保持一定的湿度，在盛夏季节，还应采取一些降温措施，如洒水和种植一些小灌木等等。

（5）冬眠期之前，检查乌龟的生长情况，对体弱饲养者，多喂给乌龟喜食的饲料，使乌龟积贮大量的营养物质，强壮身体，安全越冬。

5. 冬眠期管理

乌龟属于变温性动物，生活受环境气温的影响比较大。每年的 11 月到第二年的 3 月，当气温在 100℃ 以下时，乌龟常常静卧在池底的淤泥中或卧于覆盖有稻草的松土中，不食不动，进行冬眠，这时它的新陈代谢非常缓慢和微弱。

等到 4 月初的时候，当气温上升时，乌龟才开始恢复活动并大量摄食，所以在冬眠期不需投喂食料，也不需换水，此时期的主要工作：一是保温，如在水池四周以及水池与围墙之间的空地上覆盖稻草；二是防止乌龟天敌的侵害。

◎繁殖技术

乌龟卵的人工孵化：

乌龟卵壳灰白色，呈椭圆形，长 2.7～3.8 厘米、宽 1.3～2 厘米。在

生活在沙漠岩石中的动物

自然条件下，经过50～80天孵化，稚龟就可以破壳而出。但是龟卵的自然孵化易受温度、光照等外界条件的影响和蛇、鼠及蚂蚁等天敌的危害，使得孵化期的时间较长，孵化率和存活率都较低。为了提高乌龟的孵化率，可以采用人工孵化的方法。具体的做法如下：

（1）采卵：雄龟喜欢在草丛和树根下聚集，并掘土成穴产卵，故可根据穴位土质的松软或留下的足迹爪痕等找到乌龟的产卵穴，故而得到龟卵。因乌龟多在黄昏或黎明前产卵，为避免烈日暴晒造成龟卵损坏，采卵的最好时间是早晨。

（2）选卵：人工孵化应选取已受精的、新鲜比较优质的卵。卵是否已受精的标志是：受精卵的卵壳光滑不黏土；而未曾受精的卵的形状大小不一，壳易碎或有凹陷，并粘有泥沙。检查卵是否新鲜优质，可以将卵对着太阳光直接观察，如卵内部红润者是好卵，卵内部混浊或有腥臭味者则为坏卵。另外，也不宜选用畸形卵。

（3）龟卵的人工孵化：孵化器可选用木盆、搪瓷盆或孵化盘等。先在孵化器的底部铺上一层5厘米左右的细沙，这样有利于胚胎的发育，将龟卵"动物极"向上置于细沙上，然后在卵上盖一层约3厘米厚的细沙，再覆上一潮湿毛巾，最后将孵化器放在通风的地方。温度和湿度是孵化成败的关键，温度和湿度过高或过低都对龟卵的胚胎发育有不利的影响。人工孵化时控制温度在28℃～32℃之间，每天洒水量为1～2次，保持适当湿度，同时还要注意防止天敌危害龟卵。这样经过50～60天孵化，便可孵出稚龟。

▶知识窗

·常见病害的防治·

一般说来，乌龟的适应性和抗病力都比较强，不易患病。人工养殖时，只要注意随时搞好清洁卫生，常常更换饲养池的水，乌龟一般都不会生病。但有时也会发生如下情况：

1. 感冒

病龟活动迟缓，鼻冒泡，口经常张开，可视为感冒。

治疗方法：可用感冒灵和安乃近溶于水中让龟饮服，并在龟后腿肌肉注射庆大霉素0.2毫升；或注射青霉素1万单位，体重0.5千克以上的大龟可加大用量至每次注射5万单位。一般连续服药和注射3天可愈。

2. 肠炎

本病多由于水质污染或饲料变质导致肠道细菌性感染而发病。症状为病龟的头常左右环顾，粪便黏稠带血红，并极腥臭；食欲不振，身体消瘦。

本病多由于水质污染或饲料变质导致肠道细菌性感染而发病。症状为病龟的头常左右环顾，粪便黏稠带血红，并极腥臭；食欲不振，身体消瘦。

治疗方法：每天多次换水和投喂新鲜饲料；肌肉注射金霉素或氯霉素，每只病龟每次 0.5 毫升，体重 0.5 千克以上的大龟注射量可加大至 1 毫升，连续 3 天。并在饲料中加少量氯霉素或痢特灵喂服。

3. 霉菌病

本病多为龟表皮被碰伤后感染霉菌所致，表现为表皮坏死呈红白色，严重的可见霉斑。

防治方法：在运输、放养、转池捕捉过程中，操作要细心，避免龟体受伤。入池前如发现有龟体受伤，可用 1% 的孔雀石绿软膏或磺胺软膏涂抹患处。一旦发现病龟，应及时隔离，并用 20%～30% 的石灰水全池消毒；病龟全身涂紫药水，连涂 7 天，还可在饲料中加入少量土霉素粉剂，连喂 3 天。

4. 软体病

本病多由于营养不良和缺乏阳光而引起，表现为食欲减退，全身无力，精神萎靡，动作迟钝，生长缓慢。

治疗方法：喂以适口性好而富于营养的全价饲料，饲料中加入钙片；增强日照时数，每天照射阳光 2～3 次。

5. 敌害

乌龟的天敌主要是老鼠、蚂蚁、蛇以及某些鸟类。老鼠危害最严重，能将乌龟咬伤甚至咬死，蚂蚁常爬食有裂缝的乌龟卵，故在养殖管理中，应当注意防止这些天敌的侵入。

拓展思考

1. 乌龟的学名是什么？
2. 稚龟的饲养方法是什么？
3. 乌龟的饲养方法是什么？

生活在沙漠岩石中的动物

青蛙

Qing Wa

◎基本简介

青蛙属于动物界、脊索动物门、两栖纲、无尾目、始蛙亚目、中蛙亚目和新蛙亚目。

※ 青蛙

无尾目是属于两栖纲的动物，成体之后基本无尾，卵一般产于水中，经过演化，孵化成蝌蚪，用鳃呼吸，经过变态之后，成体主要用肺呼吸，但多数皮肤也有部分呼吸功能。主要包括两类动物：蛙和蟾蜍，这两类动物之间没有太严格的区别，有的一科中同时包括两种。一般来说，蟾蜍大多数在陆地生活，因此皮肤粗糙；青蛙的体形较苗条，一般善于游泳。两者的体形相似，颈部没有明显的不同，无肋骨。前肢的尺骨与桡骨愈合，后肢的胫骨与腓骨愈合，因此爪不能灵活地转动，但四肢的肌肉却十分发达。

无尾目是生物从水中走上陆地的第一步，比其他栖纲生物要先进一些，虽然多数已经可以离开水中生活，但繁殖仍然离不开水，卵需要在水中经过变态才能成长。因此不如爬行纲动物先进，爬行纲动物已经可以完全离开水生活。

蛙类：蛙类的种类大约有 4800 种，绝大部分生活在水中，也有的生活在雨林潮湿环境的树上。卵产于水中，也有的树蛙仅仅利用树洞中或植物叶根部积累残余的水洼就能使卵经过蝌蚪阶段。2003 年，在印度西部新发现的一种"紫蛙"，常年生活在地底的洞中，只有等到季风的时候，才出洞生育。

◎蛙类和蟾类

蛙类和蟾类是很难绝对地区分开的，有的科如盘舌蟾科就既包括蛙类也有蟾类。

蛙类最小的长度只有 50 毫米，这个长度相当于一个人的大拇指长，大的有 300 毫米，瞳孔都是横向的，皮肤光滑，舌尖是分两叉的，舌跟在口的前部，倒着长回口中，能突然翻出捕捉虫子。有三个眼睑，其中一个是透明的，眼睑在水中起着保护的眼睛作用，另外两个上下眼睑是很普通的。头两侧有两个声囊，可以产生共鸣，放大叫声。体形小的品种叫声频率较高。

有的蛙类自身的皮肤分泌毒液是用来预防天敌的，生活在亚马逊河流域雨林中的一种树蛙分泌物被当地印第安人用来制作箭毒。

蛙类分布的范围也比较广泛，除了加勒比海岛屿和太平洋岛屿以外，几乎遍及全世界。但目前有数量迅速地减少的现象，造成这种现象的主要原因是环境污染造成的，还有气候的变化，以及外来物种的侵入，由于人类扩张造成栖息环境缩小等原因。

蛙类的繁殖方式和蟾蜍类的繁殖方式基本上相似，也是以昆虫为食，但大型蛙类可以捕食小鱼甚至小鼠，两者基本都是在夜间捕食。

青蛙捕食的对象大部分都是田间的害虫，是对人类有益的动物。它不仅仅是害虫的天敌，丰收的卫士，那熟悉而又悦耳的蛙鸣，其实就如同是大自然永远弹奏不完的美妙音乐，是一首恬静而又和谐的田野之歌。"稻花香里说丰年，听取蛙声一片"，有蛙的叫声农民就有播种的希望，有蛙声就有收获的喜悦和欢乐。

据研究发现，作为一种农用真菌抑制剂的化合物三苯基锡，其基本的含量即使低于田间浓度，也可能导致几种青蛙发生畸变甚至死亡。杀菌剂三苯基锡主要用来对付甜菜和马铃薯体内的疾病，但有时也可用于洋葱和水稻等多种农作物中。这样不可避免地污染了水生的生态环境，有的是直接污染水稻田，另外还通过地表径流污染江河沟渠。因为三苯基锡的液相降解速度很慢，导致了它在水中长时间的富集，从而对水生的生物造成了极大毒害，特别是损伤了蝌蚪大脑的中枢神经系统。

一般来说，真菌抑制剂的浓度越高，对生物的毒害就比较大。对于两栖类的动物，化学品常会导致其发育滞缓，而发育滞缓又将导致其难于逃脱捕食者的攻击。这很可能是导致一些地区青蛙种群灭绝的原因。

还有其他污染物要对更多地区两栖动物的数量迅速下降负相关的责任，酸雨则堪称罪魁祸首之一。事实上，几乎所有两栖动物的卵和幼体在酸碱度低于 4.5 米的水中均不能生存。然而酸雨的酸碱度一般都在 3.5 米可以使水塘溪流水中正常的酸碱度下降到致死的水平。在加拿大、斯堪的纳维亚国家和东欧，都已经确认酸雨是造成池塘湖泊中的两栖动物减少的原因。

地球上日渐严重的温室效应不仅使气候发生了变化，也使变色的青蛙数量在逐渐增多，很多地方出现了各种橘黄色、白色、甚至粉红色的青蛙，发生这种现象显然不是偶然的。

在北美洲发现了多处畸形青蛙，是生活环境中维生素 A 复合物含量过高造成的，其中畸形青蛙中含有的视黄酸，是一种激素，能控制脊椎动物几个重要方面的发育过程，它的过量也会导致人类的生育畸形。

由于青蛙是水陆两栖动物，它们一般被视为是环境卫生的晴雨表或指示器。青蛙在发育的过程中，其胚胎直接浸泡于水中，更容易受到致畸物的影响，因而会变得更脆弱。然而，对于人类来说，尽管其胚胎在发育过程中受到多种因素的保护，但是通过激素致青蛙畸形的途径也可以影响到人，人类畸变的可能也是存在的。致使青蛙畸形也一定能使人畸变，这一点是没有任何疑点的。

因此，保护生态环境，就是保护人类自己！

◎蛙类的生殖特点

蛙类的生殖特点是雌雄异体、水中受精，属于卵生。繁殖的时间一般在每年的 4 月。在生殖过程中，蛙类有一个非常特殊的现象——抱对。关于抱对，需要说明的是，蛙类的抱对并不是在进行交配，只是生殖过程中的一个重要的环节。

研究表明，如果是人为地把雌雄青蛙分开，那么即使是在青蛙的繁殖时期里，雌蛙也不能排出卵细胞。可见，关于抱对的生物学的意义，主要是通过抱对可以促使雌蛙排卵。一般蛙类都在水中产卵、受精，卵孵化后变成蝌蚪，在水中自由地生活着，然后变成幼蛙登陆活动。不过树蛙的产卵方法是与众不同的，斑腿树蛙产出的卵好像一团白色的肥皂沫，又像一团奶油，黏附在水草上。最有趣的是峨眉树蛙，它把卵块产在水边的树叶上，卵就在卵块中发育，然后落到湖里，继续顺利完成发育。又如鸣声悦耳的弹琴蛙，在产卵前还会先筑一个泥窝，然后把卵产在里面。有些属于树蛙的蛙类并不上树，而是在水里生活的。有些树蛙如红蹼树蛙和黑蹼树蛙，指、趾间有宽大的蹼，能由高处的树枝向低处展蹼滑翔，所以又叫飞蛙。

有吸盘的蛙类除了树蛙外，还有雨蛙和湍蛙。其中以湍蛙比较特别，它们喜欢生活在湍急的水域中，能敏捷地穿过急流，爬登岩石。

湍蛙的蝌蚪也很奇特，它的腹部有一个吸盘，能吸附在岩石上，以免被急流冲去。有"胡子"的蟾蜍是我国特有的珍奇蛙类，最早出现在峨眉山上，后来在南方几省相继发现。这种蛙吻部宽圆、扁平，雄性上颌缘有椎形角质黑刺12根～16根，所以又叫胡子蟾。这些"胡子"的功能目前还在人们的研究之中。蛙的种类非常多，不论对于哪一种，都主要以害虫为食。

知识窗

·青蛙的本领·

1. 捉虫能手

青蛙爱吃小昆虫，是捉虫能手。一只青蛙一年可以消灭1万只害虫，它真是人类的好朋友！

2. 歌唱家

青蛙嘴边有个鼓鼓囊囊的东西，能发出声音。它什么时候最爱放声歌唱呢？

炎热的夏天，青蛙一般都躲在草丛里，偶尔喊几声，时间也很短。如果有一只叫，旁边的也会随着叫几声，好像在对歌似的。青蛙叫得最欢的时候，是在大雨过后。每当这时，就会有几十只甚至上百只青蛙"呱呱——呱呱"地叫个没完，那声音几里外都能听到，像是一支气势磅礴的交响乐，仿佛在为农业丰收唱赞歌呢！

3. 运动健将

青蛙的眼睛鼓鼓的，头部呈三角形，加上爬行动作那么迟钝，也许你会以为它有点傻乎乎的。可是，当你稍一走近，它就猛地一跳，跳到那飘着浮萍的池塘里。这一跳，足足有它体长的20倍距离呢！

然后，它以最标准的蛙泳姿势，向对岸游过去。

4. 伪装高手

青蛙除了肚皮是白色的以外，头部、背部都是黄绿色的，上面有些黑褐色的斑纹。有的背上有三道白印。

青蛙为什么呈绿色？原来青蛙的绿衣裳是一个很好的伪装，它在草丛中几乎和青草的颜色一样，可以保护自己不被敌人发现。

拓展思考

1. 对青蛙做一个简述。
2. 蛙类和蟾类的区别是什么？
3. 青蛙的本领是什么？

黄 蜂

Huang Feng

◎基本简介

黄蜂是许多有翅的膜翅目昆虫的一种，它有一个细长和光滑的身体，靠一个细柄与腹部与之相连着，有发育完整的翅，嚼吸式口器，雌蜂有一根多少有点可怕的螫针，属于很多不同的科，

黄蜂又称为胡蜂，雌蜂尾端有长而粗的螫针与毒腺相通，蜇人后将毒液射入皮肤内，但螫针并不留在自身的皮肤之内。

◎毒性

黄蜂毒液的主要成分可以分为组胺、五羟色胺、缓激肽和透明质酸酶等，其毒液呈碱性，易被酸性溶液中和。毒液有致溶血、出血和神经毒作用，严重的能损害心肌、肾小管和肾小球，尤易损害近曲肾小管，也可引起过敏性反应。

◎中毒表现

被黄蜂螫过之后，受螫的皮肤就会立刻发生红肿和疼痛的现象，甚至出现瘀点和皮肤坏死；眼睛被螫时疼痛剧烈，流泪，红肿，可以发生角膜溃疡。全身的症状主要有头晕、头痛、呕吐、腹痛、腹泻、烦躁不安和血压明显升高等等，以上症状一般在数小时至数天之后逐渐地消失；严重者可有嗜睡、全身水肿、少尿、昏迷、溶血、心肌炎、肝炎、急性肾功能衰竭和休克。部分人群对蜂毒过敏者可表现为荨麻疹、过敏性休克等。

◎紧急处理

被黄蜂螫过，可立即用手挤压被螫伤部位，挤出毒液，这样可以减少红肿和过敏面积，或立即用食醋等弱酸性液体洗敷被螫处，伤口近心端结扎止血带，每隔15分钟之后要放松一次，结扎时间不宜超过2小时，尽快到医院做详细诊断。

◎中毒预防

在黄蜂密集地区作业时要穿长衣裤，注意面部、手的防护，千万不要激怒黄蜂。

▶知识窗

　　朱鹮生活在温带山地森林和丘陵地带，大多邻近水稻田、河滩、池塘、溪流和沼泽等湿地环境。性情孤僻而沉静，胆怯怕人，平时成对或小群活动。朱鹮对生境的条件要求较高，只喜欢在具有高大树木可供栖息和筑巢，附近有水田、沼泽可供觅食，天敌又相对较少的幽静的环境中生活。

　　晚上在大树上过夜，白天则到没有施用过化肥、农药的稻田、泥地或土地上，以及清洁的溪流等环境中去觅食。主要食物有鲫鱼、泥鳅、黄鳝等鱼类，蛙、蝌蚪、蟾蜍等两栖类，蟹、虾等甲壳类，贝类、田螺、蜗牛等软体动物，蚯蚓等环节动物，蟋蟀、蝼蛄、蝗虫、甲虫、水生昆虫及昆虫的幼虫等，有时还吃一些芹菜、稻米、小豆、谷类、草籽、嫩叶等植物性的食物。它们在浅水或泥地上觅食的时候，常常将长而弯曲的嘴不断插入泥土和水中去探索，一旦发现食物，立即啄而食之。

　　休息时，把长嘴插入背上的羽毛中，任凭头上的羽冠在微风中飘动，非常潇洒动人。飞行时头向前伸，脚向后伸，鼓翼缓慢而有力。在地上行走时，步履轻盈、迟缓，显得闲雅而矜持。它们的鸣叫声很像乌鸦，除了起飞时偶尔鸣叫外，平时很少鸣叫。

|拓展思考|

1. 对黄蜂做一个简述。
2. 被黄蜂蜇过之后的反应是什么？

生活在沙漠岩石中的动物